总主编 周卓平 蒋 柯

做情绪的主人

情绪管理与健康指导手册

第二册

常见异常情绪的识别与应对

本册主编 谢晓丹

上海教育出版社
SHANGHAI EDUCATIONAL
PUBLISHING HOUSE

目录

抑郁的识别

【知识导图】

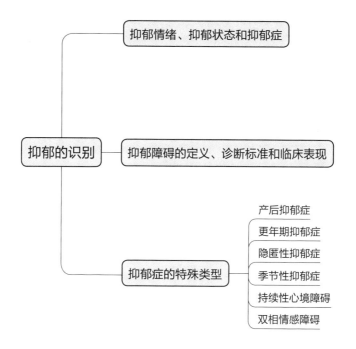

2003 年 4 月 1 日晚，演员张国荣从香港东方文华酒店 24 楼一跃而下，震惊了整个亚洲。当大家不解于他为什么会采取这样的方式来结束自己的生命时，张国荣的心理医生发声，表示张国荣已被抑郁症困扰多年，而自杀是抑郁症病发所致。这使很多人第一次了解到抑郁症这种疾病。

抑郁情绪、抑郁状态和抑郁症

世界卫生组织数据显示，抑郁症已经成为最重要的引发疾病负担[①]的疾病之一。什么是抑郁症？抑郁症和抑郁情绪有什么区别？

从广义上来说，抑郁包括抑郁情绪、抑郁状态和抑郁症。从狭义上来说，抑郁通常指抑郁症。抑郁情绪是个体在日常生活中体验到的一种负性情绪，它是一种情绪体验，跟焦虑、恐惧等情绪体验一样。严格来说，

① 疾病负担：疾病、伤残或过早死亡给个体和整个社会经济和健康带来的压力，包括病伤的流行病学负担和病伤的经济负担。

抑郁不是一种单一的情绪体验，而是一组情绪体验，包括苦恼、沮丧、悲伤、绝望等。通常，抑郁情绪存在一定的客观原因，也就是"事出有因"。生活事件、人际冲突、工作压力等常常可以引发个体的抑郁情绪。虽然抑郁情绪让人感到不愉快，但通常它并不会对个体的正常生活产生严重影响。情绪通常具有时限性，只要不持续性地刺激个体，一般来说，抑郁情绪在一个自然过程之后就会逐渐消失。

抑郁状态是指存在一定的抑郁症状，可能有情绪低落，也可能有明显的生理性症状，如失眠、食欲低下或其他躯体性症状，可能事出有因，也可能没有明确的原因，可能伴随躯体疾病，也可能伴随其他精神障碍。抑郁状态的基本表现和抑郁情绪类似，只是抑郁状态的抑郁程度要比抑郁情绪严重得多。处于抑郁状态的人不仅心理上感到难受，其工作、学习和生活等也会受不同程度的影响。抑郁状态属于病理性范畴，但一个人处于抑郁状态并不等同于这个人患有抑郁症。

记下你的心得体会

抑郁症通常指符合精神疾病诊断分类标准的一类精神障碍，一般也被称为"抑郁障碍"。严格来说，抑郁症是一个惯用的术语。抑郁障碍不是一种疾病，而是一类疾病或一个症状群。临床上，抑郁症包括单发性抑郁、复发性抑郁、心境恶劣、混合抑郁焦虑障碍、其他特定和未特定的抑郁障碍，等等。所有抑郁障碍的共同特点是，存在悲伤、空虚或易激惹的心境，有躯体和认知的改变并显著影响个体正常的工作和生活功能。

抑郁障碍的定义、诊断标准和临床表现

大众常说的"抑郁症"，通常指抑郁障碍，也称抑郁发作。美国精神医学学会出版的《精神障碍诊断与统计手册（第五版）》（*The Diagnostic and Statistical Manual of Mental Disorders, 5th*，简称 DSM-5）将抑郁障碍定义为一种丧失兴趣或愉悦感的心境状态，至少持续两周，出现五个或

以上的症状，包括认知方面的症状及躯体功能的失调，例如，即使进行最简单的活动也要花费全部精力。

抑郁障碍的主要症状是情绪低落、抑郁悲观。抑郁障碍患者可能会觉得闷闷不乐、对任何事情都提不起兴趣、提不起劲来，也可能会觉得悲伤痛苦、生不如死。抑郁障碍患者常常会说"活着没有意思""心里难受"等。

除了情绪低落，抑郁障碍患者也经常表现出思维缓慢、反应迟钝，觉得"脑子好像生锈了一样"。抑郁障碍患者常常表现出主动言语减少、语速减慢、思考问题困难、工作学习能力下降等。抑郁障碍患者可能感到异常疲劳或没有精力，生活上表现出被动、"懒"、不想做事、不愿和周围人接触、整日卧床、不想去上班或外出、不愿参加平常喜欢参加的活动、回避社交等。严重时，抑郁障碍患者还可能发展为"不说""不动""不吃"的木僵状态，这种状态也被称为"抑郁性木僵"。部分抑郁障碍患者甚至可能会出现幻觉。

【知识卡】

中国抑郁障碍患病率

2021 年 9 月 21 日，北京大学第六医院的黄悦勤教授团队在《柳叶刀精神病学》（ *The Lancet Psychiatry* ）期刊上发表了题为《中国抑郁障碍患病率及治疗：一项横断的流行病学研究》的文章。

这是我国首次全国范围的成人精神障碍流行病学调查。调查显示，我国成人抑郁障碍终生患病率高达 6.8%，其中，抑郁症亚型终生患病率为 3.4%，恶劣心境亚型终生患病率为 1.4%，抑郁障碍未特定亚型终生患病率为 3.2%。抑郁障碍年患病率为 3.6%，其中，抑郁症亚型年患病率为 2.1%，恶劣心境亚型年患病率为 1%，抑郁障碍未特定亚型年患病率为 1.4%。女性抑郁障碍患病率高于男性。抑郁障碍患者社会功能受损明显，得到充分治疗的抑郁障碍患者不到 1%。

这些数据显示，我们需要对当今中国的抑郁问题有更多的关注和了解。

此外，抑郁障碍患者的自我评价通常较低，常觉得自己一事无成、毫无价值。他们常有孤独感，并自责或自我怪罪。抑郁障碍患者可能还存在睡眠障碍，食欲性欲显著变化，体重显著降低或增加，躯体化症状如身体疼痛、乏力等症状。睡眠障碍的主要表现为：早醒、醒后难以入睡、入睡困难、睡眠不深或睡眠过多。伴有焦虑的抑郁障碍患者可能会出现坐立不安的症状。典型抑郁障碍患者的症状可表现为"晨重夜轻"的特点，重性抑郁障碍患者会伴有自杀观念或自杀行为，此类自杀观念或自杀行为可能会反复出现，患者觉得"自己活在世上是多余的"。自杀观念或自杀行为是抑郁障碍最危险的症状。

抑郁症的特殊类型

除了重性抑郁障碍之外，还有一些抑郁症的发生与患者的人生生命周期、所处地域等有关系。下面我们将介绍六种常见的特殊类型的抑郁症：产后抑郁症、更年期抑郁

记下你的心得体会

症、隐匿性抑郁症、季节性抑郁症、持续性心境障碍和双相情感障碍。

产后抑郁症

2021年2月，浙江省杭州市萧山区一位哺乳期妈妈在给宝宝喂完奶后，从23楼的家中跳楼身亡。2021年1月，香港一位单亲母亲，抱着5个月大的女儿坠楼自杀。2018年9月，金华一位处于月子期的妈妈，趁婆婆休息，带着自己二胎的女儿，跳楼自杀。

在网络上以"产后自杀"为关键词进行搜索，我们可以发现很多产后自杀的案例。细看这些案例，不难发现背后都有一个共同的因素在起作用，即产后抑郁症。

产后抑郁症是指女性在产褥期出现明显的抑郁症状或抑郁发作。典型的产后抑郁症通常在产后6周内发生，可在3—6个月内自行恢复，严重的可能持续1—2年。产后抑郁症的临床特征与其他类型的抑郁发作无明显区别，只是产后抑郁症是发生在女性生产之后这一特殊的人生阶段，产后抑郁症的发生与女性产后的生理心理状态有密切的关系。

具体来说，产后抑郁症的发生通常与产妇的遗传因素、体内激素变化以及产后的心理社会因素等有关系。有家族抑郁病史的产妇，产后抑郁症的发病率相对高些。分娩后的雌激素和孕激素水平急剧下降是导致产后抑郁症的主要原因，产妇容易情绪波动、焦虑、悲伤或易怒。此外，因孩子的出生，原有的家庭生活节奏和内容发生较大的变化，精力透支、休息不好的母亲，此时更容易出现抑郁等情绪问题。通常，良好的家庭和社会支持可以极大缓解产妇产后的抑郁情绪。如果积极治疗，多数产后抑郁症患者预后良好。

更年期抑郁症

陆女士今年 50 岁，平素性格温和，但最近总是闷闷不乐，常独自哭泣，经常感觉烦躁不安，多思多虑，总担心不好的事情发生，同时出现身上一阵阵地发冷、发热、心慌、胸闷等不适症状。陆女士晚上睡眠差、入睡困难、睡眠不深、早醒，有时甚至整夜睡不着。严

记下你的心得体会

重时感觉活着没意思，想过买安眠药吃了解脱自己。陆女士的先生正处于事业上升期，应酬较多，晚上回来较晚，陆女士不知不觉对丈夫产生了怀疑，对婚姻的不安感也越来越强烈，夫妻之间的冲突越来越多。自感丈夫态度变差，夫妻间摩擦增多，争吵不断。陆女士最终被医生诊断为"更年期抑郁症"。

更年期抑郁症是一种首发于更年期的抑郁症，以女性最为常见。更年期抑郁症多有消化系统、心血管系统和自主神经系统的症状。早期可能有类似于神经衰弱的表现，如头晕、头痛、乏力、失眠等，而后出现各种躯体不适，如口干、便秘、腹泻、心悸、胸闷、发冷发热、食欲性欲减退等，生理症状常常出现在心理症状之前。患者有明显的抑郁情绪，悲观、自我怪罪、自责等典型的抑郁症状。焦虑、紧张和猜疑是更年期抑郁症的重要特点。

一般来说，更年期抑郁症的发生可能与个体内分泌机能减退、代谢功能失调及自主神经系统功能紊乱有关。对于女性来说，卵

记下你的心得体会

11

巢萎缩，绝经后雌激素分泌锐减，使其更容易出现烦躁、易激动、潮热等更年期综合征的症状。对男性来说，睾丸功能减退也会影响其情绪、精力和体力，使其表现出易疲倦、易怒、烦躁和抑郁等症状。在更年期这一特殊的人生阶段，如果个体不能及时调整心态，正确对待，反复下去就易发生更年期抑郁症。

隐匿性抑郁症

张女士今年 57 岁，自从退休，她就成了医院的常客。近两年，她总感到头晕、头痛、疲乏无力，而胃胀、胃痛更让她吃不下东西，人也消瘦了很多。她担心自己得了重病，反复到医院检查，胃镜做了好几次，胃药也吃了很多，就是没有解决问题。最后，张女士在医生的建议下转诊至精神科。精神科医生发现，张女士除了躯体不适外，还有情绪低落、兴趣减退等表现。经过详细评估，张女士被诊断为隐匿性抑郁症。

隐匿性抑郁症是一组不典型的抑郁症。

隐匿性抑郁症患者的抑郁情绪通常不明显，一般表现为持续出现的多种躯体不适感和自主神经系统功能紊乱症状，比如，头痛、头晕、心悸、胸闷、气短、四肢麻木或全身乏力，等等。患者通常会因为躯体症状去医院寻求治疗，但是常常做了诸多检查之后仍找不到病因所在。这时，医生通常会将患者转介到精神科。通过抗抑郁药物的治疗，隐匿性抑郁症患者一般可以获得良好的治疗效果。

隐匿性抑郁症在综合医院很常见。隐匿性抑郁症占抑郁症的 10%—30%，症状多种多样，误诊率相对较高。隐匿性抑郁症患者多数有明显的躯体症状，但往往因此忽略了情绪问题。隐匿性抑郁症患者的躯体症状包括消化系统症状，主要表现为恶心、呕吐、腹胀、腹痛、腹泻等，心血管系统症状，主要表现为心慌、胸闷等。此外，隐匿性抑郁症患者也存在各种原因不明的疼痛，如肩痛、背痛、肌肉酸痛等。隐匿性抑郁症患者往往辗转于消化科、心血管科、神经内科、中医科等就诊，医生常常查不到病因，最后才被转介到精神科或心理科。

记下你的心得体会

季节性抑郁症

季节性抑郁症又称季节性情绪失调症，每年同一时间发作，通常发生在每年秋末冬初的时候，次年春末夏初结束。季节性抑郁症的发生与个体所处的地理位置有很大的关系。现代医学研究认为，造成季节性抑郁症的主要病因是冬季阳光照射少，人体生物钟紊乱导致个体生理节律紊乱和内分泌失调，继而导致情绪和精神状态紊乱。在秋冬季节，高纬度地区日照时间少，季节性抑郁症的患病率相对较高，平均每 6 人中就有 1 人罹患季节性抑郁症。

季节性抑郁症患者会有抑郁症的一般症状，如悲伤、焦虑、易怒、对事物不感兴趣、社会活动减少、注意力无法集中等，也有一些特有的症状，如嗜睡、糖需求量增加、食欲旺盛、体重增加等。除了常见的冬季抑郁症，季节性抑郁症还有罕见的夏季抑郁症，开始于春末夏初，秋季结束。

目前普遍采用的治疗季节性抑郁症的办法有药物治疗、心理治疗和光照疗法。光照疗法最早由精神科医生利维（Alfred Lewy）

博士等人发现和应用。1981年，利维博士用人工阳光开始治疗抑郁症，由此，光照疗法治疗季节性抑郁症开始兴起。在北美和欧洲地区，大量使用光照疗法来治疗季节性抑郁症。研究显示，光照能调节神经元递质的活性，提高脑情绪调节区的神经递质水平，从而改善个体的情绪。光照疗法是一种治疗季节抑郁症的有效方法。在治疗季节性抑郁症时，可以单独使用抗抑郁药物，也可以联合使用抗抑郁药物与光照疗法。长时间在家或办公室工作的人，可以多接受阳光照射，多进行户外活动，这对改善情绪也很有帮助。

持续性心境障碍

49岁的阿杰和妻子离婚之后，带着10岁的儿子住在母亲家。他前来咨询，希望心理咨询师帮助他改善他自己的抑郁情绪。阿杰自述自己是一个悲观主义者，总是对自己的生活感到担忧，感觉沮丧和抑郁，觉得生活没有什么乐趣。过去20年，阿杰觉得自己心情正常或不那么抑郁的时候只有几天。

尽管阿杰存在情绪困难，但他还是完

成了大学学业，找了一个第三方代理的低级办公室工作。虽然阿杰觉得自己的职业有上升的空间，但20年过去了，阿杰还在做同样的工作。妻子受够了阿杰的悲观、抑郁和对生活的淡漠，最终和阿杰离了婚。为了降低生活开销，离婚后，阿杰和儿子搬到母亲家，与母亲一起生活。

在寻求心理咨询师的帮助之前，阿杰曾有过一次抑郁发作，那次抑郁发作严重程度超过了以往任何一次，阿杰对自己丧失了信心，很多事情完全不能做了。他总是觉得筋疲力尽，全身像灌了铅一样，挪动一下都费劲。阿杰经常无法完成计划中的工作或按时完成任务。在绝望中，他甚至开始考虑自杀，因为他多年散漫的表现，阿杰最终被雇主开除了。6个月后，阿杰的抑郁发作终于有所缓解，阿杰又回到程度较低的慢性抑郁状态。虽然他仍怀疑自己的能力，但是他总算可以从床上爬起来做一些事情了。他还没找到新工作。现在，阿杰终于意识到靠自己是无法解决问题的，如果没有外界帮助，他的抑郁症会一直持续下去。经过评估，阿杰被诊断为双重抑郁症。

有一类抑郁症与个体的人格有较大的联系，这类抑郁症被称为持续性心境障碍。持续性心境障碍主要包括环性心境障碍和恶劣心境障碍。下面，我们简单介绍一下环性心境障碍和恶劣心境障碍。

环性心境障碍是一种心境高涨和低落反复交替出现的心境障碍。与重性抑郁症和躁狂症相比，环性心境障碍情绪体验程度相对较轻。环性心境障碍者心境高涨时，即轻躁狂发作时，个体可能表现出十分活跃和积极的状态，转为抑郁时，个体可能表现出痛苦失败的状态，随后，个体可能回到正常状态或又转为轻躁狂发作状态，正常心境的间歇期可持续数月。环性心境障碍的主要临床特点是：持续性的心境不稳定，心情的波动与生活事件无明显关系，但与个体的人格有较大的相关。环性心境障碍的诊断标准为：反复出现心境高涨或低落，但不符合躁狂症或重性抑郁障碍的诊断标准，个体的社会功能轻微受损，符合症状标准至少两年，两年中可以有数月心境正常间歇期。

恶劣心境障碍指一种以持久的心境低

记下你的心得体会

落状态为主的轻度抑郁状态，恶劣心境障碍患者的情绪状态持续性低落。恶劣心境障碍患者的临床表现是怎样的？大多数时候，恶劣心境障碍患者可能感到沉重和沮丧，看东西就像戴了墨镜，感觉周围的世界变得暗淡了。恶劣心境障碍患者对工作不感兴趣，没有热情，缺乏信心，对未来感到悲观和失望，经常感到沮丧、疲劳、能力下降等。恶劣心境障碍患者通常处于类抑郁状态，觉得很容易疲劳，不快乐，自尊水平较低，常伴有焦虑、躯体不适和饮食睡眠等方面的问题，或者会有一些自伤的想法。但是，总体上来看，恶劣心境障碍患者的社会功能是正常的。恶劣心境障碍患者的工作、学习和社会功能并没有明显受损，往往有自我意识，他们知道自己心情不好，会主动要求治疗。恶劣心境障碍患者的抑郁状态往往持续 2 年以上，其间没有长期完全得到缓解，如有缓解，一般也不超过 1—2 个月。恶劣心境障碍患者可以长时间保持相对稳定的情绪状态，有时这种稳定的情绪状态甚至可以保持 30 年以上。恶劣心境障碍的发作与生活事件和性格有很大关系，通常也被称为神经抑郁症。

恶劣心境障碍患者表现出慢性的、轻度的抑郁症症候，持续时间超过几个月，甚至几年。恶劣心境障碍可能长期不被发现，以致恶劣心境障碍患者未能得到及时、有效的治疗。恶劣心境障碍患者有时直到成年后才首次去精神科就诊，然后才发现，他们一直以来的不良感受是不正常的。当问及他们的抑郁感受持续多久时，很多患者会说："从有记忆开始一直就这样。"因为恶劣心境障碍隐蔽性和慢性的特征，恶劣心境障碍患者不会一下子陷入危机，患者常常忘记抑郁感受是从什么时候开始的，甚至忘记正常的心境状态是什么样的。

恶劣心境障碍的症状不像重性抑郁障碍那么明显，因此恶劣心境障碍很容易被个体忽视，但是恶劣心境障碍和重性抑郁障碍的危害程度是一样的。在很多年轻患者身上，恶劣心境障碍可能会突然转变为重性抑郁症。既有恶劣心境障碍又有抑郁发作的心理障碍被称为双重抑郁症。双重抑郁症的典型

记下你的心得体会

表现是先出现恶劣心境障碍，例如，可能在比较年幼时就出现恶劣心境障碍，而后出现一次或多次的抑郁发作。

恶劣心境障碍和环性心境障碍在青少年期逐渐发生，可持续终生。在一些案例中，恶劣心境障碍和环性心境障碍是抑郁障碍和双相心境障碍的早期表现，有 10% 左右的恶劣心境障碍会发展成抑郁障碍，有 15%—50% 左右的环性心境障碍会发展成双相障碍。

双相情感障碍

小刘觉得自己从来没有像最近这么开心过，感觉自己如同置身天堂，浑身上下充满干劲，精力旺盛，自觉能力出众，能同时做许多工作，并且有很多新的计划正待展开。最近一段时间，小刘的妻子觉得小刘的话变多了，精神亢奋，晚上睡得很少，大部分时间全神贯注地在书桌上"工作"。有一天，小刘早早就出了门，回来之后告诉妻子，自己已经辞职，并决定将家里所有的积蓄取出来买股票炒股，他很快就会成为百万富翁。

记下你的心得体会

20

说完这些之后，小刘又匆匆出门添置了很多他认为有用的装备……你觉得小刘的状态正常吗？

如果抑郁情绪是情绪的低谷，那么与抑郁情绪相对的情绪巅峰是一种什么样的体验呢？如果说抑郁发作是在情绪曲线的这端，那么躁狂发作就是在情绪曲线的那端。躁狂发作是一种异常夸张的欢欣喜悦或愉快的情感状态。躁狂发作的个体，体验到的情绪不是低落沮丧，而是极度的愉悦和兴高采烈。但是躁狂发作患者的情绪体验并不是稳定在完全愉悦的状态，他们的情绪通常是不稳定的，他们很容易生气、愤怒，情绪变化非常快。躁狂发作患者的脑子在躁狂状态时会高速运转，我们称之为思维奔逸。躁狂发作患者脑中各种想法接踵而至，源源不绝，说起话来滔滔不绝，声音大，话量明显增多，但通常言语内容比较肤浅，话题很容易变化、转移。躁狂发作患者常感觉自己说话的速度跟不上自己的思维速度。此外，躁狂发作患者还感觉自己精力旺盛、不知疲倦，好像不怎么睡觉也很精神。躁狂发作患者还会表现出过分慷慨，乱花钱，打扮夸张。但实际上，躁狂发作患者的自控能力是在下降的，他不能控制自己不去做一些事情。躁狂发作患者会认为自己能力卓越，自我主观评价偏高，自尊心特别强，但实际上在执行想法时，他通常不能很好地完成计划，做事情虎头蛇尾。此外，躁狂发作患者也会有一定的躯体症状，例如，食欲、性欲、体重增加，睡眠减少等。

一般来说，如果个体以情绪高涨或易激惹为主的症状持续一周以上的话，基本上可以将其诊断为躁狂发作。躁狂发作的发病年龄一般在 16—35 岁，病程有长有短。通常来说，躁狂发作不会持续很长时间。

在情感障碍中，有些人是单纯的躁狂发作，有些人是单纯的抑郁发作，但有些时候，躁狂发作的人可能也会进入到抑郁发作的状态，出现躁狂、抑郁交替循环的情况，这就是情感障碍中的另一类障碍——双相情感障碍。双相情感障碍就是既有抑郁发作又有躁狂或轻躁狂发作，两者交替出现的一类情感障碍。在双相情感障碍中，有偏躁狂（即双相I型障碍，躁狂和重性抑郁发作）或者偏抑郁（即双相II型障碍，轻躁狂和重性抑郁发作）的区别，还有快速循环发作的，即一年四次以上在躁狂和抑郁之间快速交替，这种反复循环发作的躁郁症，被称为快速循环发作的双相情感障碍。

实际上，躁狂抑郁症状在某些情境下有一定的好处。例如，躁狂使个体自尊心增强、文思泉涌、精力充沛、坚决果断。忧郁的气质和性格也被认为是艺术家的灵感源泉。历史上，不少名人都有躁狂抑郁的情况，例如，海明威、伍尔夫都在轻躁狂期创作下了大量优秀的文学作品；舒曼、梵高也是躁郁症患者。甚至有些艺术家还会通过各种方法让头脑保持在相对来说有点"躁"的状态，通过这种异常的状态来激发自己的创作欲。此外，精力旺盛、冲动、多动都是轻躁狂的典型表现。罗斯福就是典型的轻躁狂类型的人。罗斯福生平喜欢铤而走险、孤注一掷，他是美国历史上唯一连任3次，当了4届的总统，在任期间政绩斐然。

【知识卡】

泽塔-琼斯和躁郁症

2013 年，著名的英国女演员凯瑟琳·泽塔-琼斯（Catherine Zeta-Jones）再次因双相 II 型障碍求医，入住一家精神疾病医疗护理中心治疗她的躁郁症。她已接受相关治疗多年。泽塔-琼斯的发言人向记者解释，为了更积极地对抗病魔，泽塔-琼斯准备按时接受定期治疗，以使自己的身体始终保持在最健康的状态。泽塔-琼斯在接受杂志采访时曾提及："与精神疾病作斗争并不容易，我并不是那种愿意把隐私展现给大家看的人。不过，既然我得了躁郁症这件事情已经众所周知，那么我就想让其他患者能看到我的行动。我想告诉他们，病情是百分之百可以控制住的。我希望我的行动能消除公众对这个疾病的偏见，并鼓舞其他躁郁症患者。我希望那些害怕医疗的患者能行动起来，积极地寻求治疗，控制自己的病情。"

小结

1. 从广义上来说，抑郁包含抑郁情绪、抑郁状态和抑郁症。

2. 抑郁情绪是个体在日常生活体验到的一种负性情绪，它是一种情绪体验，如焦虑、恐惧等情绪体验一样。严格来说，抑郁不是一种情绪体验，而是一组情绪体验，包括苦恼、沮丧、悲伤、绝望等。

3. 抑郁状态是指存在一定的抑郁症状，可能有情绪低落，也可能有明显的生理性症状，如失眠、食欲低下或其他躯体性症状，可能事出有因，也可能没有明确的原因，可能在躯体疾病基础上表现出抑郁症状，也可能伴随其他精神障碍的一种心境障碍。

4. 抑郁症通常指符合精神疾病诊断分类标准的一类精神障碍，一般也称为"抑郁障碍"。

5. 抑郁症的特殊类型包括产后抑郁症、更年期抑郁症、隐匿性抑郁症、季节性抑郁症、持续性心境障碍和双相情感障碍。

6. 持续性心境障碍主要包括环性心境障碍和恶劣心境障碍。

7. 双相情感障碍是既有抑郁发作又有躁狂或轻躁狂发作，两者交替出现的一类情感障碍。

反思·实践·探究

小林是某大学四年级的学生，一个月前，交往三年的男友突然提出分手，小林觉得难以接受，像被扇了一记耳光。不久，小林发现男友与另一个女生手牵手走在校园里，小林觉得自己崩溃了。临近毕业，同学纷纷找到了工作，小林却陷入迷茫。现在，小林每天早上都醒得很早，吃东西也没什么胃口，对什么事情都提不起劲来，觉得自己的学习成绩很差，似乎也看不到未来。有时，小林甚至会有"死了就好了"的想法。

1. 小林出现了什么问题？

2. 如何区别抑郁情绪、抑郁状态和抑郁症？

3. 如果要对小林的情况进行评估，还需要了解哪些方面的信息？

抑郁和躁狂的应对

【知识导图】

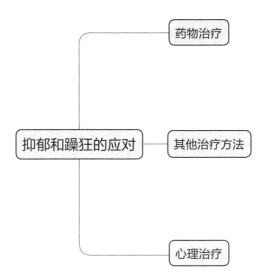

面对抑郁和躁狂等情感障碍，个体该如何处理和应对呢？在执行具体的治疗方案之前，有一点至关重要，那就是对个体面临的情感障碍进行诊断和评估。当然，在中国，只有精神科医生才有诊断和处方权，作为情绪管理师，虽然没有诊断和开处方的权利，但也必须了解抑郁和躁狂等情感障碍的诊断标准和临床特点，以便在能力范围内作出正确的处理。

如果个体面临的情感障碍比较严重，例如，已经达到了抑郁发作、躁狂发作或双相情感障碍的诊断标准，那么情绪管理师需要将其转介给精神科医生处理。目前，情感障碍的治疗方法包括药物治疗、心理治疗和其他治疗方法。其他治疗方法包括经典的电休克治疗，较新的如重复经颅磁刺激疗法或较为简单的光照疗法等。在抑郁发作、躁狂发作或双相情感障碍的急性发作期，通常以药物治疗为主，某些对药物治疗不敏感的患者，可对其采取电休克治疗。当个体的情绪状态得到改善、控制或稳定后，则要加大心理治疗的分量。

记下你的心得体会

药物治疗

目前，抗抑郁药物主要有以下四种基本类型：选择性 5-羟色胺再摄取抑制剂、混合再摄取抑制剂、单胺氧化酶抑制剂和三环类抗抑郁药物。目前，经过不同种类的抗抑郁药物治疗，可以减轻大约 50%—60% 患者的抑郁症状。相关研究显示，对轻度或中度抑郁患者来说，抗抑郁药物和安慰剂没什么差别。只有对重性抑郁障碍患者，抗抑郁药物产生的效果才显著好于安慰剂。因此，对重性抑郁障碍患者来说，药物可以较好地改善患者的情绪。

选择性 5-羟色胺再摄取抑制剂是常见的抗抑郁药物，代表药物包括氟西汀、舍曲林、帕罗西汀、氟伏沙明、西酞普兰和艾司西酞普兰等。相较于老一代的抗抑郁药物，新一代抗抑郁药物见效更快，毒副作用更少。抗抑郁药物常见的副作用包括口干、恶心、腹泻、失眠、震颤、性功能障碍、嗜睡、激越、坐立不安等。虽然目前抗抑郁药物已经十分普遍，但仍有很多人担心抗抑郁药物的副作用而拒绝长期服用。但是抗抑郁药物可有效缓解严重的抑郁症状，减少个体自杀念头和自杀行为。因此，对于较严重的抑郁患者来说，药物治疗仍是一种非常重要的治疗选择。当然，这些抗抑郁药物对30%—40%的患者不起作用，这些患者通常需要考虑其他的治疗方案。

就治疗周期而言，第一个阶段是急性期。在急性期需要尽量控制患者的抑郁症状，尽量达到临床痊愈的状态，最大限度减少病残率和自杀率。这基本上是通过药物来达到改善抑郁症状的目的的。第二个阶段是巩固期。在巩固期，原则上应该继续使用急性期治疗有效的药物，巩固既有治疗成果，预防复燃，恢复当事人的社会功能和生活质量。第三个阶段是维持期。在维持期仍应坚持持续、规范地治疗，待病情稳定，再缓慢减少药物直至终止治疗，达到预防复发的目的。一般来说，患者在症状消退后要继续服用抗抑郁药物6—9个月，避免复发的危险。

就躁狂发作而言，临床上的抗躁狂药物主要为心境稳定剂。心境稳定剂主要为碳酸锂片剂或胶囊，小剂量开始，一般起效的时间为一至两周，后可并用其他药物或疗法。锂盐的治疗需要监测患者血清的锂浓度水平。锂盐适用于各种躁狂症，对躁狂发作和抑郁发作均有预防作用。此外，抗惊厥药物和抗精神病药物也常用于躁狂症的药物治疗。

其他治疗方法

有些躁狂或抑郁患者对药物不敏感，药物对其情绪状态的改善作用有限。在这种情况下，医生也可能会采取电休克疗法对其进行治疗。目前，电休克疗法通常采用改良后的无痉挛性的电休克疗法。一般会先用肌肉松弛剂，然后再用电流刺激脑，达到无抽搐发作的状态。对于一些用药治疗效果不好的患者，电休克疗法可能有较好的治疗效果。

近些年，研究者一直在寻找不使用电流能对脑部进行刺激的新方法。经颅磁刺激疗法是近年来比较流行的一种精神疾病治疗手段。在这种方法中，科学家让患者重复暴露在高强度的磁脉冲下，磁脉冲集中在患者特定的脑结构。接受重复经颅磁刺激的患者报告的副作用很少，常常只有轻微的头痛。近年来，这种新型的无痛、无创的治疗方法在国内被广泛应用于精神障碍的治疗。

【知识卡】

经颅磁刺激疗法

经颅磁刺激疗法是一种新颖的、无痛的、无创的治疗精神障碍的方法。它让患者重复暴露于高强度的磁脉冲下，电磁信号无衰减地透过颅骨刺激患者的脑神经。重复经颅磁刺激可以兴奋或抑制局部脑皮层功能。高强度、高频率的重复经颅磁刺激可以产生兴奋性突触后电位综合，导致刺激部分神经异常兴奋。而低强度、低频率的重复经颅磁刺激的作用则相反。

经颅磁刺激疗法通过调节脑皮层兴奋和抑制功能之间的平衡来治疗疾病。治疗抑郁患者时，研究者以左侧前额叶皮层为目标区域，这是因为一些抑郁患者该脑区的新陈代谢活动水平较低。

2006 年，北京安定医院、北京大学第六医院相继启动了经颅磁刺激疗法治疗精神病的业务。目前，国内的经颅磁刺激技术在神经心理科、康复科和儿科得到广泛应用。

此外，睡眠剥夺疗法也被应用于治疗抑郁症。研究发现，剥夺患者的睡眠可以改善其抑郁症状，这种治疗方法对内源性抑郁的治疗效果要好于对神经病性抑郁的治疗效果。

光照疗法是治疗季节性抑郁症的常见方法。光照疗法可以非常好地改善季节性抑郁症患者的情绪。光照有利于调整个体的情绪，改善抑郁状态。医生通常会叫患者走出去，多接触大自然，晒晒太阳，这有利于病情。光照对调节个体的内分泌和生物节律有一定的作用，进而改善个体的情绪状态。

由于情感障碍有一定的复发率，因此，维持治疗效果和预防复发是很重要的一个环节。根据障碍发作的情况不同，维持用药的时间也应作出相应的调整。双相情感障碍的治疗是一个长期综合的过程，通常会涉及联合用药，而药物的剂量也会根据个体的具体情况作出一些改变和调整。一些双相情感障碍的患者需要定期到医院随访，调整其用药情况。随意自行断药可能会导致情感障碍复发。此外，有针对性的心理治疗和相应的

記下你的心得体会

34

社会支持，也是预防情感障碍复发的重要一环。

心理治疗

上面介绍的几种治疗方法是精神科医生用来治疗情感障碍的主要方法，下面我们将介绍情绪管理师处理和应对抑郁和躁狂问题的方法。

面对抑郁问题，情绪管理师可以做什么？通常来说，导致个体抑郁的原因有以下三类：生物学因素、心理因素和社会文化因素。遗传决定了个体生物学上的易感性，使个体对生活事件的神经生物学反应更敏感和活跃。为了更好地处理情绪问题，我们需要了解个体情绪问题的生物学密码。研究显示，在抑郁、焦虑等情绪问题上，遗传因素是很重要的。那么，对于来访者来说，情绪管理师要考虑，他是不是属于生物学意义上的情绪易感人群呢？为此，情绪管理师需要了解来访者的家族史，了解来访者父母辈、祖父母或外祖父母辈的情绪稳定情况。通过了解来访者的家族史，可以帮助情绪管理师更好地了解来访者先天的气质类型和个性特点，作出更好的判断。

心理因素主要指的是心理易感性，即面临困难、压力、生活应激事件时个体容易出现心理障碍，觉得难以应对的感觉和负性的认知模式。绝望无助的心理感觉、负性的认知模式和遗传因素相结合，容易让人出现抑郁或消极情感。因此，改变来访者消极的认知模式有助于改善其负性情绪状态。

一般来说，抑郁情绪的发生通常有所谓的诱因，即往往事出有因，情绪管理师聚焦于引发来访者情绪问题的具体事情，解决具体事情，可能就会改变来访者抑郁和痛苦的情绪状态。然而，在现实生活中，一些事情的发生常常不是可以控制和解决的，当事情无法解决时，情绪管理师就需要解决事情给来访者带来的困扰，降低事情对来访者情绪的影响，这变得尤为重要。针对抑郁情绪问题的心理疗法主要是认知行为疗法和人际关系疗法。

认知行为疗法可以帮助个体仔细审视抑

记下你的心得体会

郁状态期间的想法，找出其中消极的认知模式。对很多人来说，找出这些消极的认知模式并不容易，因为很多认知模式是自动产生的，个体自己很难意识到。情绪管理师要帮助来访者，使来访者认识到自己消极的认知模式，以及消极的认知模式与抑郁之间的关联。在认知行为疗法中，情绪管理师可以请来访者记录他们在感觉到负性情绪时产生的消极想法，并找到来访者消极的思维方式和认知模式。来访者要详细记录负性情绪发生的具体日期、事件、情绪及自动化的想法和思维。例如，某天，领导生气了，来访者感到悲伤、焦虑和担心，他的自动化思维是："我做错了什么？""如果我老是让领导生气，我会被开除的。"当然，领导生气可能和来访者有关，也可能和来访者没有关系。领导生气可能会将来访者开除，也可能不会将来访者开除。通过记录自动化的想法和思维，可以让来访者找到自己的认知模式。有抑郁情绪或抑郁问题的人往往认为只有一种思维方式，也就是他们使用的消极的认知模式。情绪管理师需要通过一系列事例帮助来访者

记下你的心得体会

意识到，看待事件或情景的方式有多种，每种都各有优缺点。例如，情绪管理师可以问来访者："对于这件事情，你有没有其他的看待方式？""这件事情的结果只能是这样吗？""如果最糟糕的情况发生了，你能做什么呢？"通过提问，情绪管理师可以帮助来访者识别这些负性的认知模式背后最基本的人生信念或假设。例如，来访者核心的人生信念可能是"如果我不能取悦所有人，我就是个失败者"。情绪管理师要帮助来访者质疑这些人生信念的合理性，从而达到改变来访者负性认知模式和改善抑郁情绪的目的。

抑郁情绪的发生很多时候是建立在个体对世界、事件、他人、自己的理解和解释基础上的。当个体不接纳自己，认为自己没有能力，没有用处，不被爱的时候，个体常常会产生抑郁情绪，闷闷不乐，没有希望。接纳自己原有的样子，爱自己原有的样子，是个体获得力量，走出抑郁情绪的重要一步。人类的世界是丰富多彩的，每个人的个性特征也是独一无二的。个性特征本身无好坏之分，每种个性都有自己的优点，都有自己的用处。接纳自己原有的样子，你可能是一株草，可能是一朵花，可能是一块石头，也可能是一棵参天大树，不管你是什么，你都有自己的美丽。抱着开放的心，我们才能变成更好的自己，发展出成熟的人格，更好地应对生活。

人际关系疗法认为，人际关系领域存在四种问题，这四种问题中的任何一种都可能会导致个体抑郁。这四种问题是：人际关系的丧失、人际角色的纷争、人际角色的转变和人际关系的缺陷。针对第一种问题，即人际关系的丧失，情绪管理师要帮助来访者正视失去所爱之人或人际关系破裂的事实，并和来访者一起探讨这种丧失带给来访者的感受，帮助来访者建立新的人际关系并投入其中。针对第二种问题，即人际角色的纷争，情绪管理师首先要让来访者意识到人际冲突和争议以及来访者选择向关系的另一方作出何种让步，修正和改善来访者人际关系中的沟通模式。对于第三种问题，即人际角色的转变，情绪管理师工作的重点在于帮助来访者发展出更现实的角度看待失去的角色，并

记下你的心得体会

学会以更积极的心态看待新的角色。有时，情绪管理师需要帮助来访者建立新的社会支持网络。针对第四种问题，即人际关系的缺陷，情绪管理师要帮助来访者意识到，抑郁可能是人际关系的缺陷所致。人际关系的缺陷可能受来访者以前的人际关系，特别是童年期重要人际关系的影响，情绪管理师会帮助来访者理解这些人际关系对来访者当下人际关系的影响。

此外，在改善抑郁情绪，尤其是解决家庭环境中的人际问题时，有时也使用家庭疗法。在具体操作时，情绪管理师要让来访者及来访者的家人一起学习有关情绪的知识，并接受沟通和问题解决技巧方面的训练，帮助来访者及其家人更好地管理情绪。

研究显示，睡眠问题和情绪问题密切联系。情绪问题会影响个体的睡眠质量，而睡眠质量反过来又会影响个体的情绪状态。抑郁患者睡眠时间少、觉醒次数多，而睡眠质量差又会影响抑郁患者的激素分泌水平。因此，通过改善来访者的睡眠质量，可以改善其神经生化指标，从而改善其情绪状态。如何改善个体的睡眠质量呢？运动、晒太阳等都是比较好的调整生物节律和激素分泌水平的自然的方法。

另外，好的社会关系和社会支持是个体情绪的保护网。请你猜一猜，女性和男性谁更容易抑郁？答案是女性。但是，你知道老年男性和老年女性谁更容易抑郁吗？答案是老年男性。社会关系和社会支持可以起到缓解情绪压力，解决情绪问题的作用。与老年男性相比，老年女性的社会支持系统更好，有更多的社会支持和社会交流，有更大的朋友圈，通常情绪也更健康。因此，构建良好的社会关系和社会支持系统，对于维持个体的情绪健康至关重要。

面对压力性生活事件，积极应对才是避免出现负性情绪问题的关键。在人生之路上，压力性生活事件是不可避免的。人生也是起起伏伏、高高低低的。当面对挫折性人生体验时，要接纳自己的负性情绪体验，允许自己悲伤、痛苦、嫉妒，直面自己的负性情绪，才能让负性情绪只是负性情绪，而不会成为情绪问题。

记下你的心得体会

41

【小贴士】

情绪日常保健的小妙招

第一，睡个好觉。良好的睡眠有助于激素分泌维持稳定和正常的水平。睡眠不足可能会导致体内激素水平紊乱，容易导致情绪问题。

第二，发展社会支持系统。良好的社会支持系统是应激事件的缓冲器。良好的社会支持将有助于我们更好地应对社会生活应激事件，减少应激事件对我们情绪的影响。

第三，接纳自己、关爱自我，积极面对生活。抑郁情绪多出现在个体受挫之后对自我的不接纳，负性事件激发了个体对自己的消极信念，如我无能、我不被爱等。接纳自己原有的样子，关爱自己，积极正向地面对生活中出现的各种事件，才能维持情绪稳定与健康。

小结

1. 应对抑郁和躁狂等情感障碍时，首先要对患者的情况进行评估。情绪管理师不具有诊断和处方权，但必须了解抑郁和躁狂等情感障碍的诊断标准和临床特点，以便在能力范围内作出正确处理。

2. 在抑郁发作、躁狂发作或双相情感障碍的急性发作期，通常以药物治疗为主，某些对药物治疗不敏感的患者，可能会对其采取电休克治疗。当个体的情绪状态得到改善、控制或稳定后，则要加大心理治疗的分量。

3. 目前，抗抑郁药物主要有以下四种基本类型：选择性 5-羟色胺再摄取抑制剂、混合再摄取抑制剂、单胺氧化酶抑制剂和三环类抗抑郁药。

4. 临床上的抗躁狂药物主要为心境稳静剂。

5. 由于情感障碍有一定的复发率，因此，维持治疗效果和预防复发是很重要的一个环节。根据障碍发作的情况不同，维持用药的时间也应作出相应的调整。

6. 通常来说，导致个体抑郁的原因有生物学因素、心理因素和社会文化因素。

7. 情绪管理师可以采用心理治疗的方法应对抑郁情绪。常见的应对抑郁情绪的心理治疗方法有认知行为疗法和人际关系疗法。此外，改善睡眠问题，构建良好的社会支持系统，积极应对都有助于改善抑郁情绪。

反思·实践·探究

小丽（化名）是一位高中老师，在 28 岁时生了第一胎，休了 4 个月产假后，重返工作岗位。然而，小丽回到工作岗位后就感到身体不适，经常头痛，早上恶心想吐，还拉肚子。随着身体状况变差，小丽的心情也变得忧郁起来。时间一天天流逝，小丽的忧郁和焦躁感越来越强，她觉得自己的脑子经常出现转不动的情况。回到家中，小丽又要照顾孩子，有时晚上完全睡不着，即使睡着也很容易惊醒，早上醒过来时状态尤其差。小丽有时完全没有食欲，有时又暴饮暴食。

1. 情绪管理师可以为小丽做些什么？

2. 情绪管理师如何帮助小丽改善她的情绪问题？

焦虑问题的识别

【知识导图】

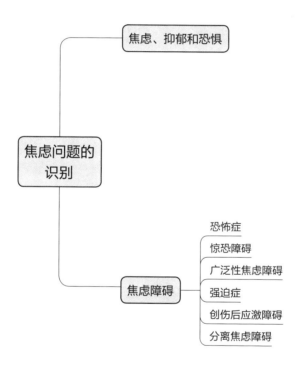

现存的恐惧不如想象的恐惧可怕。

——威廉·莎士比亚

在谈焦虑问题的识别前，让我们先看一个案例。

一位年轻的女孩觉得胸闷，难以呼吸，担心自己是不是得了心脏病。最近几个星期，她总有一种不好的预感，感觉什么事情要发生，而自己根本就没有解决问题的能力。虽然她以前就是一个比较神经质的人，但是最近这种不好的预感让她感到恐惧，她觉得自己生活的各个方面都充满了危险。她担心自己的个人问题、健康问题，担心自己和老师同学之间会发生冲突。今天，她去参加班会，在班会开了大概一半的时候，她感到头晕、肌肉刺痛、呼吸困难，甚至有要窒息的感觉。她担心自己马上就要晕倒了，怕其他同学会注意到她，于是她突然离开了教室。

这个女孩怎么了？她出现了什么问题？

实际上，这个案例中的女孩出现了本章要探讨的内容——焦虑。什么是焦虑？众所周知，焦虑已经成为当代中国人最常面对的一个情绪问题，每个人都有过焦虑的情绪体验。你能想起最近一次焦虑的情形吗？是什么样的？在什么时候？在哪里？当时发生了什么？你有什么感受？你的身体有什么反应？把你的想法写下来。

焦虑、抑郁和恐惧

　　焦虑是一类非常复杂的情绪问题，从某种程度上来说，我们对焦虑了解得越多，就越会发现焦虑变化莫测。焦虑是一种负性情绪体验，也是一种特殊的精神障碍，焦虑和很多心理病理问题都有关系。如果要给焦虑下一个定义的话，可以这样说，焦虑是一种负性情绪状态，焦虑的特点是躯体的紧张性和对未来的担忧。在不同的个体身上，焦虑的表现可能不同，有些个体表现出主观上的不安感，或出现一组行为和生理反应，如心率升高、呼吸急促、肌肉紧张等。

　　现有的很多研究显示，焦虑、抑郁和恐惧之间存在非常密切的联系。多项研究发

记下你的心得体会

现，焦虑和抑郁有共同的遗传因素，而社会心理因素似乎可以解释个体焦虑和抑郁的不同表现。除了躁狂外，生物易感性与具体的障碍之间可能不是一一对应的关系。生物易感性是更宽泛的焦虑或情感障碍的遗传素质，是所有情绪障碍背后潜在的神经特质。

焦虑与恐惧似乎也常常联系在一起，两者既有联系又有区别。具体而言，焦虑是一种内心紧张不安，预感似乎要发生某种不利的情况而自己又难以应对时出现的不愉快的情绪反应，焦虑通常是指向未来的。恐惧是个体面对客观威胁或危险时的情绪反应，恐惧通常是指向当下的。例如，当我们在户外看到一头老虎时，我们会感到恐惧，同时还会感到紧张、焦虑，害怕老虎会伤害自己。当老虎出现时，我们会出现恐惧和紧张的情绪，而当我们担心老虎可能会伤害自己时，我们就开始焦虑了。

焦虑总是令人不快的，我们总是希望自己不要焦虑，并为自己总是这么容易感到焦虑而懊恼。实际上，焦虑的情绪对个体是有好处的。可以这样说，焦虑是人类进化过程

记下你的心得体会

中一种重要的具有适应功能的情绪反应，这种情绪反应会让个体的身体产生一系列的生理反应，如心跳加快，血液流动速度增加，肾上腺素分泌增多，帮助个体的身体作好战斗或逃跑的准备。这是人类进化适应的结果。焦虑并不都是有害的，适当的焦虑甚至是有益的。焦虑可以帮助个体更好地应对面临的问题，例如，考试之前适当的焦虑和紧张可以帮助我们取得更好的成绩。

但是，如果你焦虑过头了怎么办？我们可能会因为太焦虑而搞砸很多事情。而且，即使我们知道没什么可焦虑的，我们仍会感到焦虑，严重的焦虑仿佛不会自己消失。当个体的焦虑情绪过于严重，也就是在没有明确威胁和危险的情况，个体依然有很强烈的紧张、害怕、精神运动性不安和植物功能紊乱时，这才是病理性的、不合理的焦虑，需要接受干预和治疗。

恐惧和焦虑的情绪都是连续性的，都可以从功能正常的恐惧和焦虑发展到功能失调的恐惧和焦虑。我们一起来看看在这个情绪连续性模型下的恐惧和焦虑情绪。正常的恐惧是个体对客观威胁性事件的反应，当存在已知的、客观的威胁性事件时，个体产生恐惧情绪是恰当的，当威胁性事件消失时，个体的恐惧情绪也会消退，恐惧情绪引起了个体应对或回避威胁性事件的适应性行为。不恰当的恐惧是指恐惧变得脱离现实，即从威胁事件的严重程度来看，恐惧超出必要的程度和范围，甚至在威胁事件消失后仍然持续存在，并出现不适应的行为反应。例如，有的人极度害怕菜地里的青虫和飞蛾，甚至想一下青虫和飞蛾也会出现严重的恐惧反应。这种恐惧反应是不恰当的，脱离了现实，甚至超出必要的程度。当青虫和飞蛾消失后，个体的恐惧情绪仍然持续相当长一段时间，并引起对个体有潜在危害的行为，这时，我们说个体可能达到了焦虑障碍的诊断标准并出现了焦虑障碍。

例如，面对突如其来的新冠疫情，个体出现恐慌、焦虑、紧张的情绪都是正常的。如果新冠疫情受到控制，生活恢复正常后，个人依旧出现恐惧、焦躁不安、惊恐的情绪，每天忧心忡忡，害怕得病，害怕死亡，

记下你的心得体会

51

极度恐惧，或者发展出强迫性行为，如每天强迫性洗手，洗手次数非常多，甚至让手脱皮红肿的程度，那么，个体的这种恐惧情绪反应就是不适应的、过度的。

【知识卡】

父母的育儿焦虑

以"辅导孩子写作业"为关键词进行搜索，笔者发现，排在前三的内容分别是"控制不住情绪怎么办？""家长脾气暴涨易怒怎么办？""崩溃图片"。家长的育儿焦虑和情绪控制问题已经成为当代中国家长普遍面临的问题。

2022年8月，鄂翌婷等人在《中国青年研究》上发表了题为《起跑线的内卷：新生代妈妈的教育焦虑》一文，以个案研究的方式探讨新时代妈妈的教育焦虑问题。教育焦虑是指过分担心子女教育结果进而形成的各类焦虑情绪和行为的统称。对多数中国家庭而言，母亲在家庭教育中的核心地位使其成为教育焦虑的主要群体。鄂翌婷等人认为，资本扩张、中产阶层的地位维系、科学养育方式、线上线下社群互动等因素在不同层面制造了新生代父母的育儿焦虑。

焦虑障碍

　　焦虑障碍是一种以过分的、无理由的担忧为主要症状的心理障碍。常见的焦虑障碍包括恐怖症、惊恐障碍、广泛性焦虑障碍、强迫症、创伤后应激障碍、分离焦虑障碍等。所有焦虑障碍的核心皆为焦虑，并伴随其他特征。与面对实际威胁时恐惧的经典反应一样，焦虑障碍也会引发个体生理、情绪、认知和行为的变化。生理变化是个体出现焦虑时能直接感受到的变化，如肌肉紧张、心跳加快、呼吸急促、瞳孔增大、出汗、肾上腺素分泌增多、胃肠不适，等等。情绪变化是个体的情绪发生变化，如出现恐惧感，感到惊恐不安、烦躁、易怒，等等。认知变化是个体的认知发生变化，如对伤害的预期、夸大危险、注意力出现问题、高度警觉、忧心忡忡、害怕失控、死亡和存在不真实感，等等。行为变化是个体的行为出现变化，如逃跑、回避、攻击、呆立，等等。接下来，我们简要介绍焦虑障碍的以下形式——恐怖症、惊恐障碍、广泛性焦虑障碍和强迫症。

恐怖症

恐怖症是个体接触特定事物或处于特定处境时产生的一类心理障碍，个体有强烈的恐惧情绪时会采取回避行为，并伴有焦虑症状和植物性神经功能障碍。恐怖症有三类：广场恐怖症、特殊恐怖症和社交恐怖症。

广场恐怖症又称场所恐怖症，主要指个体害怕开放的空间（例如，停车场、集市、广场）或害怕处于封闭的空间（例如，酒店、商场、剧院），害怕置身于人群拥挤的场合或担心难以逃回安全处所时产生的恐惧和焦虑。广场恐怖症患者有三个特点：第一，有焦虑症状，担心自己昏倒或失去自控力，表现出植物性神经功能激活，出现各种身体反应症状，严重时会出现惊恐发作的症状；第二，焦虑情绪是在特定情境中发生的，如人群拥挤的场合、封闭场所或难以立即逃到安全的地方的情境等；第三，个体会有回避行为，个体想立即从恐怖情境中逃走或回避恐怖情境。

我们来看一个案例。

张女士今年 38 岁，是一家公司的财务总监。有一个问题一直困扰张女士，那就是她晚上不能一个人单独在房间里睡觉，哪怕开着灯也不行。如果晚上她一个人单独在房间，她的脑海中就会浮现各种鬼怪和恐怖的镜头，引发她惊恐发作症状。由于工作原因，张女士经常要出差，每次酒店的房间只用来放她行李的，晚上她会去浴场或大厅睡觉，因为只有边上有人时，她才不会出现惊恐症状。

广场恐怖症患者一开始通常只想回避那些不容易让其迅速离开的场所，随着病情的加重，恐惧场所泛化，最终可能不敢出门。约有三分之一至二分之一的广场恐怖症患者可能伴随抑郁症状，少数会伴随强迫症状、人格解体或社交恐怖等。

社交恐怖症是对一种或多种人际处境有持久的、强烈的恐惧情绪并产生回避行为的心理障碍。恐惧的对象可以是某个人或某些人，也可以泛化，如恐惧被别人注视，恐惧自己会作出丢脸的言谈举止或尴尬的表情等。

记下你的心得体会

我们来看一个案例。

小王害怕人多的地方，也害怕别人会发现她紧张和"苦瓜脸"。当小王处在饭局、聚会、唱歌、照相等场合和情景时，她会特别恐惧和紧张，脸色难看。小王害怕别人误会自己，认为自己不喜欢对方，也害怕别人会认为自己小气，舍不得花钱，因此她变得非常敏感——害怕看别人，也害怕被别人看，甚至一个人在家都觉得有人在看她。

害怕当众出丑是小王这类社交恐怖症患者的典型症状。因为害怕出丑，在社交场合社交恐怖症患者可能会出现面红耳赤的情况，因此，也有研究者把社交恐怖症称为"赤面恐怖症"。心慌、出汗、恶心、尿急、震颤等都是社交恐怖症典型的生理反应。社交恐怖症患者的自我评价通常较低，常常在社交恐怖症发作后伴随抑郁症状。

特殊恐怖症又称特定恐怖症，指对存在或预期某种特殊物体或情境出现而产生的不合理焦虑，恐惧对象包括某些动物、昆虫、登高、雷电、黑暗、乘飞机、外伤或出血、锐器和特定的疾病，等等。《精神障碍诊断与统计手册（第五版）》根据恐怖对象的特定类型将特殊恐怖症分成五大类：一是动物型，如怕猫、怕狗、怕蜘蛛、怕蛇等，这些都是比较常见的；二是自然环境型，如怕高、怕雷、怕水等；三是血液-注射-损伤型，例如，怕针头或侵入性的医疗操作等；四是情景型，如怕乘飞机、怕乘电梯、害怕密闭的空间等；五是其他类型，如怕巨响、怕化妆、怕呕吐或怕感染疾病等。特殊恐怖症在儿童中比较常见，许多动物型特殊恐怖症常起于儿童期。青年期和中年期比较常见的特殊恐怖症有登高恐惧、幽闭恐惧、乘飞机恐惧等，严重时可能伴随惊恐发作。

惊恐障碍

惊恐障碍属于焦虑障碍。前文已经提到惊恐发作，什么是惊恐障碍和惊恐发作呢？惊恐障碍是个体突然出现的一种极度焦虑状态，通常伴随一系列躯体症状和灾难临头的想法。惊恐障碍的发生以反复出现惊恐发作作为原发和主要的临床特征，并伴随一系列对再次发作或产生严重后果的担心和焦虑。

我们来看一个案例。

宫先生从事房地产中介工作，自春节以来，宫先生经常会出现心慌、气短、冒冷汗的症状，对别人说的话也非常敏感，他自觉心里非常难受。宫先生自述第一次出现这种症状是在晚上，下班后感觉人很疲劳，回家一推门就感到心慌、冒冷汗，当时坐也坐不住，手发抖，睡在床上总觉得天在转，"感觉自己会发疯"，但是过一会儿就恢复了。第二次出现类似症状是在去单位拿资料时，宫先生坐在办公室沙发上看到前面有株盆景，但是眼前一晃，盆景变成已故亲人的头像，回过神的宫先生出现了心慌、冒冷汗、脸色苍白等症状。宫先生坐不住了，马上站起来仔细看了一下这株盆景，发现盆景还是原来的盆景，并没有变化。之后的一段时间，宫先生经常会莫名其妙地心慌、气短、眩晕、颤抖、冒冷汗，害怕死亡，害怕失去控制，害怕会发疯，等等。

宫先生是怎么了呢？为什么会出现这些症状？宫先生去医院就诊，经过一系列检查，并没有发现任何异常，医生将他推荐到精神科就诊。

宫先生的症状是惊恐发作的典型临床症状。在惊恐发作中，最典型、最好辨认的一个特点就是窒息感、濒死感、透不过气，有快要死掉的感觉。此外，惊恐发作的临床症状还包括：心悸、心跳加速，在非常短的时间内，个体一下子心慌得厉害，出汗、颤抖、胸闷、胸部疼痛不适；出现窒息感或腹部难受，感觉好像要晕过去了，头晕站不稳或晕倒；出现解体或者人格解体症状，感觉自己不是自己；产生不真实感，害怕自己马上要疯掉、失去控制或者死去；有异常感觉，比如，麻木感、刺痛感；有寒战或潮热的躯体表现。

惊恐发作的濒死感、失控感或窒息感让个体感到非常担心和害怕，这通常也是促使个体去医院就诊的一个重要原因。初次惊恐发作的时候，个体害怕自己得心脏病或身体出了问题，便到医院就诊，但经过一系列检查，发现身体各方面都是好的，没有生理性的病灶和器质性的病变，通常会到精神科看精神科医生。

惊恐发作持续时间通常不会很长，一段时间后就会自行缓解，但是不知道下次什么时候惊恐发作会再次出现。个体担心再次发作或者担心再次发作后会有严重后果。突然产生的快要死的感觉也会引发个体的焦虑。惊恐发作是一种高度焦虑、极度灾难化的身心状态。

惊恐发作的诊断标准要求惊恐发作频率一个月至少三次，害怕再次发作的焦虑持续至少一个月。如果病前个体的功能比较良好，症状持续时间比较短的话，一般愈后较好。但也有一部分人愈后较差。惊恐发作跟其他疾病（如恐怖症、抑郁症等）共病的情况比较多。一些物质滥用者也可能出现惊恐发作的症状。通常，惊恐发作者会很痛苦，长期处于焦虑的状态，可能会让其慢慢发展出抑郁症，甚至会产生自杀意念。

记下你的心得体会

广泛性焦虑障碍

广泛性焦虑障碍是一种弥散性的焦虑障碍，即焦虑泛化以后，对很多事情、活动呈现出一种过分的焦虑或者担心，感到自己很难不去担心。广泛性焦虑障碍的基本特征是患者有一种慢性的、不可控的担忧。

我们来看看这样一位患者的自述。

老师：

您好！十几年来一直有个心理问题在折磨着我，我试图通过我自己的调节来改善这种状况，但是仍然没有好转的迹象，并且还有加剧的倾向，这使我陷入深深的、持久的痛苦之中。每当我的注意力转移到某件事（无论大事还是小事）上或某件东西上时，我经常会产生一种心理紧张感，比如，走路时担心口袋里的东西会掉下来，踢球时会担心球把自己绊倒等，这种担心伴随着紧张，使我的身心承受着巨大压力。我不知道这种状况是否属于恐怖症，有没有比较好的方法或药物可以改善这种状况，恳请咨询中心的老师给我指明方向。非常感谢！

一个备受煎熬的患者

从这位患者的来信我们可以看出，广泛性焦虑障碍患者是非常痛苦的。只要患者把注意力转移到某件事或某件东西上，他就会产生紧张，这种紧张给他带来了巨大的压力。

广泛性焦虑障碍的核心症状是飘浮不定的焦虑，也就是说，个体担心的内容和担心的严重程度跟个体担心的事件是很不相称的。例如，走路时，广泛性焦虑障碍患者担心车会撞到他，拔牙时，广泛性焦虑障碍患者担心会发生感染继而出现重大医疗事故，洗澡时，广泛性焦虑障碍患者担心会漏电，自己被电倒，等等。焦虑的内容完全取决于日常生活场景的变化，没有特定的主题，没有明确的倾向。通常，广泛性焦虑障碍患者还有一种担心期待，即感觉好像会出事情。

此外，广泛性焦虑障碍还有一系列其他症状，如注意力难以集中、震颤、口吃、不安，自主神经系统功能亢奋，如出汗、腹泻、口干、尿频等，在睡眠方面可能出现入睡困难，睡眠比较浅或者比较容易醒等症状。

记下你的心得体会

总的来说，广泛性焦虑障碍典型的症状就是坐立不安，容易感到紧张，容易累，思想难以集中或脑子容易出现空白。

强迫症

强迫症也是焦虑障碍之一。强迫症指的是以反复出现的强迫观念和强迫行为为主要临床特征一种心理障碍。强迫观念指的是以刻板形式反复进入患者意识领域的思想、表象或冲动意向；强迫行为是为了阻止或降低焦虑痛苦而反复出现的刻板行为或动作。

我们来看一个案例。

小刘来咨询时主诉的症状为强迫性咽口水，该症状已经持续10多年。据小刘回忆，高中时他暗恋同班某位女生，有一次该女生问他问题，小刘很紧张、兴奋，于是咽了一下口水，但他突然意识到自己咽口水，觉得此时不应该对该女生产生情感，因为还要面对考大学的任务。此后，每当看到、听到或想到该女生时，小刘都要咽一下口水。到了大学时，小刘觉得自己很难和女生讲话，因为碰到想要交流的女生，小刘都会咽口水，后来逐渐发展到一紧张就咽口水。虽然小刘知道咽口水没什么意义，但就是控制不住，有的时候小刘控制自己，硬是不咽口水，就会觉得浑身难受。此外，小刘还有一些其他强迫症状，比如，洗衣服时要反复洗很多次，每次要比别人多洗四五次，时间也比别人多花四五小时，小刘被同学戏称为 1∶4。晚上入睡时，小刘总要把衣物叠得整整齐齐，然后清点，清点完才能睡着，有时睡不着就数墙上或天花板上的饰物和瑕疵。

上述案例中，小刘是一位典型的强迫症患者。对强迫症患者来说，其强迫行为会反复、持续出现，尽管强迫症患者知道相应的强迫观念或强迫行为是不合理的、无意义的，想要强烈地抵抗，但常常欲罢不能。强迫症状表现出"属我"性，即非外力所致和"非我所愿"，即违背患者的意愿。患者内心通常十分痛苦。

常见的强迫观念包括以下八种。

第一，强迫性穷思竭虑。例如，一直

记下你的心得体会

64

想为什么花是红色的，叶子是绿色的？到底是先有鸡还是先有蛋？为什么太阳从东边升起，从西边落下？等等。痛苦并非来自思考本身，而是来自患者非想不可的冲动和极力想要控制自己不去想引起的焦虑。

第二，强迫怀疑。例如，反复怀疑自己言行的正确性，明知毫无必要但又不能摆脱，常伴有强迫行为，如反复怀疑门窗、煤气是否关好，发邮件时是否选对了邮箱地址，继发强迫检查行为。

第三，强迫联想。看到或听到某一事物或某个字时，个体脑中就出现与这个事物或这个字有关的联想。例如，看到钞票或听到"钞票"两个字，就联想到肝病患者，继而联想到病菌，什么病菌，以及自己被传染了怎么办？

第四，强迫性对立思维。个体出现与自己意愿相反的念头，如膜拜菩萨时出现妖魔的形象，这种对立思维，患者通常无法控制。

第五，强迫性回忆。反复回忆过去做过的事、写过的字、讲过的话，尤其是不自主地反复回忆过去失败的经历。看到某本书中的某个章节，听过的某个歌曲片段反复在脑中回荡，无法摆脱，因而十分苦恼。

第六，强迫表象。脑中反复呈现的表象化内容，通常是患者觉得难看或厌恶的东西，多见于性生殖器或性行为等。

第七，强迫性恐惧。害怕自己失控、发疯或作出违反社会规范或伤天害理的行为。

第八，强迫意向。有一种强烈的要做什么的冲动，但通常不会真正行动。个体产生的强迫性冲动常常是伤害性的，如杀人、砸玻璃，或者是不合时宜的，如在大庭广众之下脱掉衣服，拥抱或亲吻异性等。

强迫行为是指反复出现的，刻板的仪式化动作。这些行为是不合理的，但却不能不做，个体做这些行为是为了缓解痛苦的情绪。

常见的强迫行为包括以下六种。

第一，强迫洗涤。例如，反复或过度洗手。

第二，强迫检查。例如，反复检查门关没关好，煤气关了没有等。

第三，强迫询问。为了消除疑虑或穷思

竭虑给自己带来的焦虑，常反复要求他人不厌其烦地给予解释或保证，如反复询问是否有得罪之处。

第四，强迫计数。反复数电线杆、台阶、楼层等。

第五，强迫整理。表现为按固定的样式或顺序摆放某些物体，过分要求整齐，如烟灰缸中的烟头要按照一定顺序排列好。

第六，强迫仪式动作。从简单的动作到复杂的固定格式的动作组合，个体通过强迫仪式动作缓解焦虑和不安，例如，走路先出左脚，再出右脚，进三步退一步等。如果原先的动作不足以缓解焦虑，强迫症患者会增加新的动作。

记下你的心得体会

【知识卡】

贝克汉姆与强迫症

英国足球明星大卫·贝克汉姆不仅在赛场上是个完美主义者，在生活中也对秩序和对称也有着极致的要求。"我有强迫症，所有的东西都必须排列成一条直线，或者每样东西必须是成对的。"贝克汉姆会花几个小时将家里的家具以某种形式摆放，将衣橱里的衣服按照颜色排列。贝克汉姆的妻子维多利亚说："如果你打开我们家的冰箱，你会发现冰箱的两边是十分协调的。我们家有三个冰箱，一个放食物，一个放沙拉，一个放饮料。在放饮料的冰箱里面，所有的东西都是对称的，如果有三罐饮料，大卫就会扔掉一罐，必须是偶数才可以。"每次入住一个新酒店，贝克汉姆必须把每件东西都整理得井井有条。"我必须把所有的散页纸和书都收到抽屉里面去，才能放松下来。所有的一切都必须十分完美。"贝克汉姆承认，这很累人。

创伤后应激障碍

有一系列障碍是个体在经历了应激生活事件后发展出来的，《精神障碍诊断与统计手册（第五版）》将这些障碍整合在一起，将其命名为创伤及应激相关障碍，也称创伤后应激障碍。例如，儿童期受虐经历引起的依恋障碍，应激生活事件引起的持续焦虑和抑郁等适应性障碍，创伤后出现的创伤后应激障碍和急性应激障碍，等等。创伤后应激障碍是个体经历创伤性生活事件之后的应激反应，以往隶属于焦虑障碍。虽然创伤后应激障碍目前已经不属于焦虑障碍，但是我们仍将其放在焦虑障碍中讨论，因为创伤后应激障碍涉及的情绪主要有恐惧和焦虑。当然，创伤后应激障碍还涉及一系列更复杂和广泛的情绪体验，如狂怒、厌恶、内疚和羞耻等。

创伤后应激障碍指个体在经历了异乎寻常的威胁或灾难性应激事件后延迟出现或长期存在的精神障碍，其特点是时过境迁后，痛苦体验仍然驱之不去，个体持续回避与事件有关的刺激，并长期处于警觉焦虑状态。如汶川特大地震等灾难性事件的亲历者、救援人员，在直面这些特大灾难性事件后，可能会出现创伤后应激障碍。面对应激事件，大多数人会产生强烈反应，但是这些反应往往在 1 个月内消失，而在创伤事件发生至少 1 个月后才能作出创伤后应激障碍的诊断。个体并不会立即表现出症状，有些个体的创伤应激障碍在发生创伤事件 6 个月后甚至几年以后才全面爆发，至于延迟发作的原因，目前尚不清楚。

创伤后应激障碍主要临床特征是：

第一，反复回忆创伤性体验。患者脑海中可能不断闯入性地出现灾难画面。回忆、闪回或梦中重现创伤性事件会引发个体的身心反应，如痛苦、心悸、发抖等。

第二，回避与创伤性事件有关的场景、话题、感受等。患者不敢看、不敢听、不敢提问，处于情感麻木状态，有时甚至部分或完全不能回忆创伤经历。

第三，警觉性增高。患者会过度警觉，长期处于高度紧张、焦虑的状态，容易疲劳，注意力难集中，常伴随睡眠问题。

第四，表现出内疚、自责等情绪。患者常出现自罪、自责等情绪，例如，"如果我做得更好，那么他还会活着""如果我不这样做的话，也许这一切都不会发生"，将可怕的结果归于自己的责任。

儿童的创伤后应激障碍可能表现为害怕、担心、身体不适、敌意、失眠、做带有鬼怪的噩梦，等等。孩子原来活泼的性格可能因此变得安静或原来安静的性格因此变得容易吵闹和富有攻击性，有些孩子还会失去一些技能，例如，说话，等等。

分离焦虑障碍

分离焦虑障碍是个体与依恋对象分别时产生的不相称的、过度的害怕和焦虑的情绪或回避的行为。这种害怕和焦虑的情绪或回避的行为的是持续性的，会引起有临床意义的痛苦，导致社交、学业、职业或其他重要功能受损。

分离焦虑障碍常始于婴幼儿时期。多数婴幼儿在与他的主要照料者分离时会变得焦虑和沮丧，但是随着他们长大，大部分婴幼儿开始认识到他们的照料者会回来，并能找到照料者离开时安慰自己的方法。但是，有些婴幼儿在与他们的照料者分离时，会持续焦虑，即使到了儿童期或青少年期还是如此。他们可能非常害羞、敏感，他们会因为害怕离别而拒绝上学，如果他们被迫离开照料者，则会感到胃疼、头痛、恶心、呕吐等。当他们与照料者分开时，他们会担心照料者发生不好的事情，年幼的孩子可能会哭个没完。如果这些症状持续 4 周以上并明显损害了儿童的功能，那么我们就要考虑分离焦虑障碍的诊断了。

分离焦虑障碍常见的症状包括以下八个方面。

第一，当预期或经历离别时，个体产生反复的、过度的痛苦。

第二，持续和过度担心会失去主要依恋对象或担心依恋对象可能会生病、受伤、发生灾难或死亡。

第三，持续和过度担心会发生导致自己和主要依恋对象分别的不幸事件，例如，走失、发生交通事故、生病、被绑架，等等。

第四，因害怕与主要依恋对象分离，持续表现出不愿出门，拒绝出门、离开家、去上学、去工作或去其他地方。

第五，持续和过度害怕独处，不愿意和主要依恋对象分离，不管是在家还是在其他地方。

第六，不愿或拒绝在家以外的地方睡觉

或不在主要依恋对象身边睡觉。

第七，反复做与离别有关的梦。

第八，当与主要依恋对象离别或预期与其离别时，反复抱怨躯体性症状，例如，头疼、胃疼、恶心、呕吐，等等。

我们来看一个案例。

小朋友问问一到幼儿园就要哭闹很长时间，一段时间后，这种现象无减退趋势。每天老师要花很长时间安抚问问，问问的哭闹才能稍微缓解。在幼儿园，问问不与其他小朋友说话，也不与其他小朋友一起玩玩具，几乎不吃幼儿园的早饭和午饭，但是在家里能正常吃饭和睡觉。

问问的症状就是典型的分离焦虑。大约有 3% 的 11 岁以下儿童会有分离焦虑障碍，女孩的比例更高一些。分离焦虑障碍也可能会在儿童期和青少年期反复发作，严重干扰儿童的学业进程和同伴关系。

记下你的心得体会

【知识卡】

老年人的焦虑障碍

焦虑是老年人最常见的问题之一。约 15% 的 65 岁以上老年人患有一种焦虑障碍，有些老年人则在老年期第一次出现焦虑障碍。

老年期，面对年迈的身体、多种疾病和认知功能的衰退，如记忆力下降、注意力减退等，面对配偶丧失或亲人离世，老年人的焦虑问题变得更为明显。老年期的焦虑问题常常与老年人的躯体疾病和抑郁同时存在。由于患焦虑障碍的老年人很少寻求治疗，因此老年人的焦虑障碍是一个值得情绪管理师多加关注的问题。

小结

1. 焦虑是一种负性情绪体验，也是一种特殊的精神障碍，焦虑几乎和很多心理病理问题都有关系。如果要给焦虑下一个定义的话，可以这样说，焦虑是一种负性情绪状态，焦虑的特点是躯体的紧张性和对未来的担忧。

2. 焦虑是人类进化过程中一种重要的具有适应功能的情绪反应，这种情绪反应会让个体的身体产生一系列的生理反应，如心跳加快，血液流动速度增加，肾上腺素分泌增多，帮助个体的身体作好战斗或逃跑的准备。这是人类进化适应的结果。

3. 焦虑障碍是一种以过分的、无理由的担忧为主要症状的心理障碍。常见的焦虑障碍包括恐怖症、惊恐障碍、广泛性焦虑障碍、强迫症、创伤后应激障碍、分离焦虑障碍等。

4. 恐怖症是个体接触特定事物或处于特定处境时产生的一类心理障碍，个体有强烈的恐惧情绪，会采取回避行为，并伴有焦虑症状和植物性神经功能障碍。恐怖症有三类：广场恐怖症、特殊恐怖症和社交恐怖症。

5. 惊恐障碍是个体突然出现的一种极度焦虑状态，通常伴随一系列躯体症状和灾难临头的想法。惊恐障碍的发生以反复出现惊恐发作作为原发和主要的临床特征，并伴随有一系列持续担心再次发作或产生严重后果的一种焦虑障碍。

6. 广泛性焦虑障碍是一种弥散性的焦虑障碍，即焦虑泛化以后，对很多事情、活动呈现出一种过分的焦虑或者担心，感到自己很难不去担心。广泛性焦虑障碍的基本特征是患者有一种慢性的、不可控的担忧。

7. 强迫症是以反复出现的强迫观念和强迫行为为主要临床特征的一种心理障碍。强迫观念是指以刻板形式反复进入患者意识领域的思想、表象或冲动意向。强迫动作是为了阻止或降低焦虑痛苦而反复出现的刻板行为或动作。

8. 创伤后应激障碍指个体在经历了异乎寻常的威胁或灾难性应激事件后延迟出现或长期存在的精神障碍，其特点是时过境迁后，痛苦体验仍然驱之不去，个体持续回避与事件有关的刺激，并长期处于警觉焦虑状态。

9. 分离焦虑障碍是个体与依恋对象分别时产生的不相称的、过度的害怕和焦虑的情绪或回避的行为。这种害怕和焦虑的情绪或回避的行为的是持续性的，会引起有临床意义的痛苦，导致社交、学业、职业或其他重要功能受损。

反思·实践·探究

6 周前，小杰遭遇了一场车祸，司机当场身亡。从那以后，小杰就不敢开车，也不敢坐车。因为这会让他回想起可怕的车祸场景。小杰晚上会不断做噩梦，这严重影响了他的睡眠。与以前相比，小杰变得更易怒了。小杰丧失了对工作、娱乐的兴趣，也无法出门继续工作。

小杰的情况属于哪种心理障碍？判断的依据是什么？

焦虑问题的应对

【知识导图】

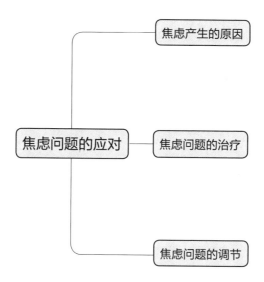

你必须学会放手，学会释放压力，因为无论如何你都无法控制压力。

——史蒂夫·马拉波利

焦虑产生的原因

为了更好地应对焦虑问题，我们需要了解一下焦虑产生的原因。具体来说，焦虑问题是生物、心理和社会文化因素共同作用的结果。越来越多的证据显示，人类有一种紧张、不安和忧虑的遗传倾向，而环境或应激事件可以开启这些遗传倾向。脑的边缘系统中有一个与焦虑高度相关的脑回路，环境中的因素很可能会改变该脑回路的敏感性，使个体对焦虑和焦虑问题的易感性发生变化。

在心理因素上，童年期父母的养育行为、教养方式、养育环境等都会对个体的控制感产生影响。这种普遍的控制感或不可控感从童年早期经验中发展出来，对个体的生活和个体焦虑易感性产生影响。如果父母以主动和可预期的方式和孩子互动，及时响应孩子的需求，那么这种互动会让孩子形成他们可以控制环境的预期，他们的反应对父母及环境有效果的认识。当然，事情并不总是可控的，父母要为孩子提供安全基地，使孩子能够有勇气去探索世界，并提供必要的接纳来应对不可预期的事情，使孩子发展出一种健康的控制感。反之，过度保护或过度干涉的父母，从不让孩子体验任何逆境，他们创造一个完美的环境，使孩子无法学会应对逆境。

总的来说，应激性的生活事件会扣动人们在生物、心理上的焦虑易感性的"扳机"。生物易感性，以及在早期经验中获得的特定心理易感性使个体在面对压力时，特别是面对人际冲突压力时，产生焦虑的情绪。通过不断自我强化，到最后即使压力源已经消失，个体的焦虑模式仍被保留下来并可能泛化，影响个体生活和工作的方方面面。

和抑郁问题类似，在面对焦虑问题时，个体需要评估焦虑问题的严重程度并对其进行分类，分析焦虑问题是属于需要调节的焦虑情绪问题，还是属于需要治疗的焦虑障碍问题。评估和分类可以让情绪管理师有针对性地提出具体解决方案。

焦虑问题的治疗

针对需要治疗的焦虑障碍，通常有药物治疗和心理治疗两种方法。在焦虑障碍的急性发作期，药物治疗可以较好地改善患者的焦虑和抑郁情绪。三环类抗抑郁药物、选择性 5-羟色胺再摄取抑制剂等抗抑郁药物，苯二氮䓬类药物都是治疗焦虑障碍时常用的处方药物。长期而言，并不能完全依靠药物来改善患者的焦虑障碍，一旦停药，焦虑障碍的复发率相对较高。研究发现，心理治疗对焦虑障碍的干预效果好于药物治疗，认知行为疗法、森田疗法等是治疗焦虑障碍的有效干预方法。在治疗焦虑障碍时，也常采用药物治疗和心理治疗联合的治疗方案，并在临床中取得较好的治疗效果。不过，绝大多数研究显示，药物，特别是苯二氮䓬类药物，长期使用可能会干扰心理治疗的疗效，这可能和长期使用药物造成认知受损有关。

具体采用什么治疗方案，可能需要临床工作者结合个案的具体情况加以判断，在必要的时候增加或减少一种治疗方案可能比一开始就采用联合的治疗方案好些。

　　具体来说，广泛性焦虑障碍的常见处方药物多为苯二氮䓬类药物；广场恐怖症和惊恐障碍中，选择性 5-羟色胺再摄取抑制剂类药物是目前治疗惊恐障碍的常用处方药，常用的苯二氮䓬类药物，如阿普唑仑也普遍应用于惊恐障碍；特殊恐怖症多采用认知行为疗法，特别是行为疗法中的系统脱敏法、暴露疗法等来进行干预和治疗；社交恐怖症的治疗也多用认知行为疗法或人际心理治疗方法来治疗，有时，也用选择性 5-羟色胺再摄取抑制剂类药物来治疗；强迫症的首选治疗药物也是选择性 5-羟色胺再摄取抑制剂类抗抑郁药物，但药物治疗只对强迫症有中等程度的疗效，暴露疗法和反应阻止疗法也常用于治疗强迫症及强迫症相关障碍；苯二氮䓬类药物和抗抑郁药能够缓解创伤后应激障碍的某些症状，而最有效的治疗创伤后应激障碍的方法仍是心理治疗中的认知行为疗法、眼动脱敏治疗等；在治疗分离焦虑障碍时，最常用的方法是认知行为训练和家庭治疗。

焦虑问题的应对方法多为精神科医生开具处方药物，心理治疗师或心理咨询师进行相关的专业心理治疗和咨询。对情绪管理师来说，在学习心理咨询和治疗的相关理论基础上，参加长时程的心理咨询和治疗培训项目，提高自己的心理咨询和治疗技能，在有督导的情况下进行相关的实践，这是情绪管理师进行专业的焦虑问题干预的一个前提。当然，如果情绪管理师尚无以上资质，没有接受相关的训练和培训，下面的一些原则和方法可以帮助情绪管理师处理自己或他人程度较轻的焦虑问题或情绪困境。

记下你的心得体会

【知识卡】

金代名医张从正为妻系统脱敏

金代名医张从正在《儒门事亲》中记载了这样一则用行为疗法来治疗恐怖症的例子。卫德新的妻子住旅店的时候碰到了强盗抢劫，受惊后惊恐颤抖，不能平复。此后，她每次听到声响就感到心惊肉跳，甚至昏倒在地。从故事中我们可以知道，这是典型的由创伤性事件引发的创伤后应激障碍。张从正在为其治疗时，在卫德新的妻子面前放了一张茶几，然后用木尺猛敲茶几，卫德新的妻子听到后脸色大变，心惊肉跳。张从正说："我敲茶几，你怕什么？"之后，张从正冷不防又敲了几次。如此重复多次，卫德新的妻子渐渐平静下来。张从正又让人敲门、敲窗，多次以后，卫德新的妻子不再害怕了。这种治疗方法很典型，正是行为疗法中的系统脱敏法，也就是不断在患者面前反复呈现令他害怕的刺激，直到患者不再害怕。

焦虑问题的调节

在处理程度较轻的焦虑情绪时，和处理抑郁情绪类似，需要从个体的生物学因素、心理因素、社会因素等多个方面综合考虑。以下是三个基本的处理原则。

第一，从生物学上看，焦虑问题与抑郁问题类似，有一定的家族遗传性。一方面，家族中的焦虑特质可能通过遗传的方式传递下来，我们必须承认，有些人就是比另一些人更容易出现焦虑问题；另一方面，焦虑的行为反应模式和情绪状态也可能通过家庭成员之间的互动被传承和传递，例如，爸爸工作压力大，回家后可能通过其他方式将他的工作压力和焦虑传递给妻子和孩子，例如，挑剔妻子的家务做不好、饭菜不好吃等，不断督促孩子快点儿写作业。意识到这些焦虑情绪和行为模式的家族传递，可以帮助我们更好地理解自己和周边他人的压力性行为和情绪，阻断和改变焦虑情绪问题在家庭中的延续和恶化。

第二，心理因素上，面对类似的生活事件，不同个体对事件的解释不同，就会导致个体处于不同的情绪状态。对事情的理解和解释，也就是我们对事件的认知，是导致情绪问题出现的一个重要原因。生活中，在某些关键时刻，例如考试时，不同的同学的焦虑程度是不同的，有的人心慌手抖、头脑空白，有的人镇定自若，这可能取决于他们对自己是否有能力应对考试的评估，也取决于他们对于考试这件事的重要性的理解。应对事件的能力可以通过能力训练来得到改善，而对事件的重要性的解读则取决于个体的认知。

对事件的认知和态度会影响个体的身心反应。美国斯坦福大学的麦格尼格尔教授针对压力进行了一系列研究，在演讲中，她提到了认知对个体身心反应的影响。当个体认为压力是坏的事情的时候，个体的血管会收缩，压力和紧张可能真的会对个体的身体造成损害。但如果个体认为压力是正常的，在压力条件下个体心跳加快和紧张状态会帮助个体解决问题，个体的血管呈松弛状态，压力不会对个体的身体造成伤害。同一事件，认知解释不同，带来的影响也是不一样的。因此，面对应激性生活事件，当个体产生焦虑不安的情绪及相关的身心反应时，个体会将这种焦虑不安的情绪和身心反应解读为一种身体信号，让个体的身体处于更有效率的状态，可以更快地作出反应，处理相关问题。当然，如果个体的焦虑反应或焦虑情绪过大，那么焦虑将影响个体对问题的处理。

个体需要仔细观察自己对事件的认知和解读，了解这种认知和解读的背后是什么核心信念在起作用，是否有一些非理性的认知模式和灾难化的认知。如果个体的认知模式是非理性的或者错误的，那么个体就需要改变自己的认知模式。

第三，社会文化因素上，应激性生活事件和社会支持是我们在应对焦虑的时候需要密切关注的两个影响因素。当处于焦虑中时，如果可以，适当的远离引发你强烈焦虑的应激源有助于你降低焦虑。如果是无法远离的应激源或是无法改变的生活事件，那么正面面对并解决引发你焦虑的应激源，或者接受应激源带来的生活改变，是我们降低自我焦虑的第一步。了解可以引发个体焦虑的应激源类型，在今后的生活中有意识地增强自己的问题解决能力或有意识地避免此类应激源，也可以改善自己的焦虑情绪。此外，良好的社会支持是降低应激性生活事件影响的缓冲器，社会支持较好的个体，其焦虑水平通常也会更低，因此，有意识地发展自己的社会支持网络，可以为降低焦虑水平奠定

记下你的心得体会

良好基础。

面对焦虑情绪的健康管理，通常有两大类策略。一类是思维策略，一类是行动策略。思维策略是通过了解自我和认知重构来改善管理我们的焦虑情绪，前文对认知模式的解读和认知方式的改变就属于思维策略。而行动策略则是采用各种行为方法改善管理我们的情绪，释放压力，缓解焦虑。我们可以通过不断尝试，寻找和发展出适合个人风格的焦虑情绪管理方法。下面，我们讲一下常见的焦虑情绪的调节管理方法。

第一，运动法。研究显示，运动可以促进个体脑内内啡肽和多巴胺的分泌，给个体带来积极的情绪体验，改善个体的睡眠质量，降低个体的焦虑水平。常见的情绪治疗处方中就有运动，每天抽出一定的时间进行各种形式的运动，有助于我们平稳情绪，缓解焦虑。瑜伽、散步、跑步等都是非常好的减轻焦虑的运动方式。

第二，食疗法。进食行为本身会给个体带来愉悦和放松的体验。有时候，悠闲的下午茶时光或茶歇会极大地缓解个体的压力

记下你的心得体会

和焦虑。但食疗法中也要注意饮食行为的健康，并进行恰当的管理。有时，过度依赖进食缓解压力可能导致暴食症和肥胖问题。

第三，睡眠法。充足的睡眠是良好情绪的必要条件之一。改善睡眠质量可以缓解压力，缓解焦虑、抑郁等情绪问题。

第四，音乐疗法。美好的音乐会引发积极的情绪体验，播放自己喜欢的、适合自己的音乐也是一种很好的放松和缓解焦虑的方式。

第五，放松法。放松法是心理治疗中改善焦虑情绪问题的基础方法之一。放松法有呼吸放松、肌肉放松等，寻找自己喜欢的、容易操作的放松方法，是我们管理自己情绪的一大有力工具。

记下你的心得体会

【小贴士】

我们来体验一下这个一分钟的放松操：

1. 双手放在脸前，竖起两个大拇指。

2. 把大拇指转到水平为止，放在鼻梁两侧，眉骨下方。

3. 用力按压。

4. 慢慢数 8—10 秒，然后深呼吸。

5. 把大拇指放在稍高于眉毛的外侧的地方。

6. 把食指放在大拇指上方大约 2.5 厘米的地方，彼此相对。

7. 轻轻挤压。

8. 慢慢数 8—10 秒，然后深呼吸。

好，做完之后，有没有觉得自己放松了一点儿呢？疲劳的时候，紧张的时候，来试试这种简单的放松操吧。

第六，冥想法也是常用的压力管理和情绪管理的方法之一。冥想有助于我们更好地认识自我，理解自我。每天坚持做冥想，可以很好地改善我们的焦虑情绪和压力。做冥想的时候，最好是在一个幽静的环境，一个不受外界干扰的地方，如果每天在同一个时间同一个地点练习冥想的话，就更好了。这样的练习可以更容易集中注意力。此外，练习时候的姿势一定要舒适，可以长时间保持稳定不动且不疲倦的姿势，练习前做几个缓慢深长的呼吸，让自己平静下来，更容易进入冥想状态。诸多研究显示，冥想和其他心理过程一样，可以改善人的生理基础。在冥想时，脑内的各种细胞会以新的方式联系起来，对机体的其他器官起到新的调节作用，改变它们的功能活动，提高个体的免疫功能和技能水平，冥想时产生的脑电波，有助于减少抑郁、愤怒、自卑、焦虑、恐惧等负性情绪，增加快乐、稳定、积极等正性情绪。现在非常流行的正念疗法正是冥想法的一种。

【小贴士】

这里有一个小小的冥想指导语。冥想的时间不用太久，每天5—10分钟即可，有空的时候就每天试试吧！

1. 闭上双眼。

2. 注意自己的呼吸，感受它进入和离开身体，让心绪平静下来。

3. 现在不要再想着呼吸，感受当下。呼吸，听鸟儿歌唱，听孩子们嬉戏……不管是什么样的时刻，请细心聆听和感受。

4.你纠结于朋友刚发来的消息，对吗？

5.列出让你纠结的事情、你的压力、思考或期待的东西。

6.回到呼吸，再次放松自己的身体，睁开眼睛。

情绪管理师在帮助他人调节情绪之前，每天也可以花一点点时间，尝试找出最适合自己的情绪调节策略，调节和管理好自己的情绪。

小结

1. 焦虑问题是生物、心理和社会文化因素共同作用的结果。

2. 应激性的生活事件会扣动人们在生物、心理上的焦虑易感性的"扳机"。生物易感性、心理易感性，以及在早期经验中学会的特定心理易感性使得个体在面临压力时，特别是面对人际冲突压力时，产生焦虑的情绪。

3. 在焦虑障碍的急性发作期，药物治疗可以较好地改善患者的焦虑和抑郁情绪。三环类抗抑郁药、选择性 5-羟色胺再摄取抑制剂等抗抑郁药物，苯二氮䓬类药物都是治疗焦虑障碍时常用的处方。长期而言，并不能完全依靠药物来改善患者的焦虑障碍，一旦停药，焦虑障碍的复发率相对较高。

4. 面对焦虑情绪的健康管理，通常有两大类策略。一类是思维策略，一类是行动策略。

反思·实践·探究

案例一：小美为 20 岁女大学生，去年 12 月份，小美的父母遇到车祸，意外身亡。小美回校后一直做噩梦，梦到自己的父母，有时还会梦到一家团聚。小美说自己不想自杀，因为自己是父母生命的延续，但小美有很深的负罪感，觉得自己对不起父母，心中有很多遗憾，没有来得及弥补，而父母偏偏意外离世，自己永远失去弥补的机会。

案例二：小李是高三复读生，来自农村，家境较好。从小很少经历挫折，因为高考失利重回高三复读。父母对小李期望较高，小李性格较为内向，不善与人交流。近两个月来，小李感觉自己注意力难以集中，夜间失眠，头痛，疲劳，考前焦虑、紧张，内心十分痛苦。

针对上述两个案例，作为情绪管理师，你可以做些什么工作？

与情绪相关的行为
问题的识别和应对

【知识导图】

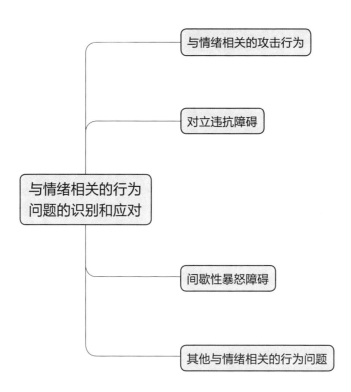

与情绪相关的攻击行为

人为什么会冲动地攻击他人，甚至作出激情犯罪的行为？1939 年，美国心理学家多拉德（John Dollard）等在《挫折与攻击》一书中首次提出了挫折—攻击理论。根据挫折—攻击理论，人们遇到挫折时，自然会产生攻击的倾向，并对挫折源进行外显的或内隐的攻击。根据挫折—攻击理论，挫折总是会导致某种形式的攻击行为。

1978 年，社会心理学家伯科威茨（Leonard Berkowitz）提出了不同的观点，修改了挫折—攻击理论。他认为，人的挫折并不会直接导致攻击行为，例如，如果一个人研究生考试没有通过，那么他处于受挫的状态，但这并不一定会导致他去攻击他人。伯科威茨认为，攻击行为的发生，还受情境中与攻击有关的刺激线索的影响。情境中与攻击有关的刺激线索会增加个体攻击行为发生的可能性。例如，暴力事件通常发生在有"武器"的暴力环境中。

如果遇到以下场景，你会作出什么反应？

上班路上，交通拥堵，你正在等红灯。红灯刚刚变绿，后面的司机就拼命按喇叭。在这种情况下，你有什么样的情绪体验？你会作出什么反应？你会故意启动慢一点或偷偷在车里骂后面的司机吗？在今天的社会，路怒症是一种非常常见的愤怒情绪反应，路怒症有时会导致攻击性驾驶行为。

当人们认为他人故意给自己制造麻烦或者伤害自己时，通常会产生愤怒情绪，反之，则不会产生愤怒情绪。在一些场景中，当他人做出了让你不愉快的举动时，一般你会感到愤怒，感到被对方侵犯，这可能会引发攻击行为。

如何减少与情绪相关的攻击行为呢？以下三种办法可供参考。

第一，惩罚和奖励。在管理与情绪相关的攻击性行为时，常常采用行为主义的方法。当个体作出攻击性行为时惩罚个体，这有助于减少攻击性行为的发生率。当个体愤怒但没有作出攻击性行为时，给予个体恰当的奖励，这会强化个体抑制冲动的行为模式。在学校和家庭中，老师和家长要善于通过惩罚和奖励引导和改善孩子与情绪相关的攻击性行为。成人与情绪相关的攻击行为也可以通过惩罚和奖励的方式来加以调节和纠正。例如，严厉打击路怒症引发的攻击性驾驶行为有助于降低此类行为的发生率。

第二，预期管理。有的时候，个体产生与情绪相关的攻击行为是因为个体对事件的结果有较高的期待，一旦这种期待落空，个体常常会体验到强烈的愤怒情绪，导致后续的攻击行为。因此，适当降低个体对事件结果的期待有助于个体更好地接受后面可能出现的负性结果。例如，孩子做完作业后可能期待可以得到看电视或者玩手机的奖赏，如果没有得到，孩子可能会情绪激动，大吵大闹、摔东西或者对家长发脾气，有些孩子甚至会说出"活着没意思，还不如死了"之类的话。如果家长能在日常生活中和孩子约定好，上学期间写完作业后不能看电视或玩电子设备，只有在假期时才能看电视或玩电子设备，那么，通过降低孩子的预期，就能减少孩子与情绪有关的攻击行为发生的可能性。

第三，表达感受。帮助个体学会用语言

来表达愤怒、失望等情绪感受，而不是用攻击性行为来表达。例如，家长在日常生活中要以身作则，为孩子提供良好的示范。如果家长本身常常用攻击性行为来表达自己的负性情绪，那么孩子可能也会形成类似的行为模式。如果家长的情绪是稳定的，可以用语言准确地表达自己的负性情绪，表达时也是平静的，那么孩子也会慢慢学会用语言表达自己的负性情绪。

对立违抗障碍

对立违抗障碍是一种常常出现在儿童青少年时期的与情绪相关的行为问题。什么是对立违抗障碍？它是一种愤怒、易激惹的心境，以及争辩、对抗或报复的行为模式。对立违抗障碍的儿童对人或动物是没有攻击性的，一般也不会出现毁坏财产、偷窃或欺骗的行为，但是他们可能长时间对人生持消极、悲观的态度，叛逆反抗、桀骜不驯、充满敌意。

我们先来看一个案例。

8岁的洋洋被父母带到儿童心理咨询室，原因是洋洋经常不守校规，扰乱课堂秩序，与老师对抗。洋洋是一个软硬不吃、聪明、有力量的男孩儿，他无法安安静静地坐着，常常扰乱课堂纪律又机智地钻规则的空子。在课上，洋洋经常插科打诨、搞笑戏谑，导致同学起哄附和……老师对洋洋渐渐失去耐心，开始批评、指责他。而任何试图管教洋洋的努力，都会激怒洋洋，哪怕老师用温和的方式，也会让洋洋感到羞辱和不公，进而产生更强烈的愤怒与敌意。洋洋对老师充满敌意，处处作对，扰乱课堂。有时，洋洋会在课中突然找借口出去，去外面溜达；有时，洋洋在课上与同学交头接耳或故意招惹周围的同学；有时，洋洋在课堂上睡觉，睡觉时还打鼾或呵欠连天，不听老师讲课，故意展现自己对上课非常不感兴趣的样子，以此羞辱老师。明明可以考好，洋洋却故意考差，认为这样能报复老师，让老师不爽、业绩不达标……洋洋处处攻击老师，无心学习，成绩下降，与老师的关系也越来越紧张。师生关系越紧张，洋洋的对抗就越激烈，越陷入对抗的恶性循环当中。

对立违抗障碍是一种常见的儿童心理行为问题，它主要的临床表现有以下三个方面：

第一，愤怒/易激惹的心境。孩子可能表现为经常爱发脾气、敏感或者容易被惹恼，经常感到愤怒和怨恨。

第二，争辩或对抗的行为。孩子经常会和权威人物（老师或家长）辩论，或与其他儿童或成人争辩，经常主动对抗或拒绝权威人士设定的规则或要求，经常故意惹恼他人。即使自己行为有错误或行为不当，也经常指责他人。

第三，报复。在过去6个月内至少有两次怀恨或报复性行为。

对立违抗障碍会导致个体或个体身边其他人，如家人、同伴、同事等的痛苦，对个体社交、教育、职业或其他重要的社会功能产生负面影响。对立违抗障碍的症状通常在学步期或学前期就会显露出来。反抗和固执是对立违抗障碍的常见特征。一些符合对立违抗障碍的儿童到了儿童后期或青少年早期的时候，似乎不再表现出这些对立违抗行为，但可能在后继发展中出现品行障碍、物质使用障碍或焦虑、抑郁问题。一般来说，男孩被诊断为对立违抗障碍的可能性大约是女孩的三倍。但是也有研究认为，男孩和女孩的对立违抗障碍诊断率可能没有区别，只不过二者的表现形式不同。女孩更多采用言语攻击而非身体攻击的方式，女孩会通过排斥同伴、传播谣言等来表达对抗。

那么，该如何应对和处理儿童的对立违抗障碍呢？通常来说，心理治疗和社会干预仍是针对此类障碍儿童最常见的治疗方法，对于少数儿童，可能还需要进行药物治疗，通过药物来减少他们的情绪调节异常和困难行为。

认知行为疗法是矫正儿童对立违抗障碍的主要方法，这种方法意在改变儿童的表达方式，让儿童知道选择和尊重他人观点的重要性，以及通过自我对话技术控制冲动性行为，采取比攻击更有适应性的解决冲突的方法。认知行为疗法的第一步通常是指导儿童

記下你的心得体会

识别导致他们愤怒或冲动攻击行为的情景，然后通过认知行为疗法改善儿童对问题的理解、感受、体验和处理方式，通过行为矫正重塑儿童的行为模式。当孩子存在严重的攻击性行为时，适当的药物治疗也可以改善和控制儿童的冲动性、破坏性行为和负性情绪体验。

家庭教养方式、儿童早年的创伤性体验（如虐待等）、同伴团体的影响都可能会影响儿童对立违抗行为的发生发展，家长、学校、老师需要从多维度入手，一起帮助孩子建立正确的行为模式，养成良好的情绪表达和行为表达方式。

间歇性暴怒障碍

间歇性暴怒障碍也是一种值得关注的与情绪相关的行为问题。间歇性暴怒障碍以反复爆发的攻击性冲动行为为主要临床特征。具体包括：频繁的言语攻击或对物品、动物、他人的躯体攻击，如果这种攻击行为持续三个月以上，平均每周两次，或在 12 个

记下你的心得体会

月内爆发三次攻击性行为导致财产损坏或损毁，或导致动物或他人的身体受伤，那么可以考虑作出间歇性暴怒障碍的诊断。

在间歇性暴怒障碍中，反复爆发的攻击性行为的程度和个体受到的挑衅或应激源的严重程度是不成比例的，攻击性行为的爆发通常是非预谋的，会引起个体明显痛苦，导致个体功能受损。作出间歇性暴怒诊断时，要求患者的年龄至少6岁，且患者的间歇性暴怒情绪或行为不是由其他精神障碍引起的。

下面我们来看一个案例。

34岁女护士李某，在咨询访谈中，她言语流畅，主动，喜欢抢话。她说她结婚后与丈夫相处不好，有了孩子之后夫妻关系更差，常常为小事争吵，甚至发生肢体冲突，已经濒临离婚的边缘，不知道如何处理。她还控制不住打孩子，事后也会因后悔而打自己的头和脸。她和丈夫要么不沟通，一旦沟通必然就会争吵，现在已经严重到控制不住自己的情绪去伤害孩子。孩子也变得像她一样暴躁和自残。此外，她和婆婆的关系也不好。目前，家庭冲突已经严重影响了她的工作。她原来在工作中很优秀，近两年家庭冲突加剧后，她的工作受到严重影响。她很容易对同事发脾气，同事关系也变差了，工作效率明显下降。她说她分别在20年前和10年前受过两次脑外伤，她说自己是火暴脾气，即使没有严重的事情，她也会发脾气，这种暴脾气在她脑外伤后加重了。她说自己没有感到空虚、无聊，而是常常感到紧张、焦虑、容易疲劳，常常感到头痛、心慌、气难喘、容易忘事、容易受暗示等，因担心自己生病曾做过很多检查，没有物质滥用史。

咨询师了解了李某的背景，李某的父母都是农民。父亲脾气暴躁、酗酒、打人，在她和她母亲外出躲避期间，在家里去世。母亲也脾气暴躁，爱抱怨。她的哥哥也酗酒，目前离异。她的爷爷、奶奶也脾气暴躁，经常打架。叔叔辈和堂兄弟姐妹们也有类似的情绪问题。

在这个案例中，刘某的情况符合间歇性暴怒障碍的临床表现。间歇性暴怒障碍的发生，除了有个性心理基础外，还常常与遗传因素有关。间歇性暴怒障碍会在家族内传递，但是目前尚不清楚这种障碍到底是遗传导致的，还是家庭行为模式传递导致的。

间歇性暴怒障碍的治疗常采用认知行为疗法，主要是通过认知行为疗法，帮助个体识别和避免导致其情绪爆发的诱因，并对与诱因有关的情景进行评估和控制。此外，抗抑郁药物和心境稳定剂也能减轻间歇性暴怒障碍患者的攻击性行为。

其他与情绪相关的行为问题

上述这三种与情绪相关的行为问题都与情绪的冲动性、攻击性和破坏性有关。除了上述三种与情绪相关的行为问题之外，还有一些行为问题与个体的情绪状态和压力状态息息相关的。例如，囤积障碍、购物癖、暴食障碍、物质相关障碍、赌博、自杀自伤，等等，这些行为障碍通常与个体焦虑、抑郁等问题共病，在压力性生活事件或焦虑情绪状态下更容易发生。

记下你的心得体会

下面，我们将简单介绍以下三种。

囤积障碍。囤积障碍的患者会强迫性地囤积物品，害怕或不愿扔掉物品，如十几年前的报纸，担心日后可能会迫切需要这些物品。囤积障碍首先被认为是一种强迫障碍。在之后的研究中，研究者发现囤积障碍与强迫障碍之间相关性很弱，近几年因囤积障碍在情绪体验、认知行为特点以及神经生物学等方面与强迫障碍存在显著差异，因此将囤积障碍从强迫障碍中独立出来。近年来，一些电视节目录制了囤积障碍患者生活场所的视频，使公众进一步关注和了解囤积障碍患者和他们的生活。囤积障碍患者的囤积习惯通常始于童年早期，在成长过程中逐渐严重。囤积障碍患者的囤积行为与其认知和情绪异常有关，如对财产异常强烈的情感依恋、对控制财务的过度需求、对财产价值的衡量存在明显偏差等。由于囤积障碍患者害怕或不愿扔掉物品，因此他的家里通常堆满了杂物，让人无法落脚。

2017 年，成都商报报道了这样一个案例。巴中城区的张怀树老人家里堆满了恶臭的垃圾，社区请了 15 名工人足足清理了两天，保守估计这些垃圾达到了 10 吨，垃圾压缩车来回跑了 8 趟才将这些垃圾运送完毕。

下面我们来看这个案例。

张怀树是邻居眼里的"垃圾王"，退休后开始了捡垃圾的生涯，每天晚上十点出门，早上八点回家，一捡就是一个晚上，风雨无阻。张怀树捡的东西包括矿泉水瓶子、废旧衣服、废弃木材等。在张怀树眼中，这些垃圾都是"宝贝"。

捡垃圾的行为已经严重影响张怀树老人的正常生活，他和老伴居住的 100 平方米的房子已经被垃圾填满，甚至无法走路。这些垃圾和厨余垃圾混在一起，恶臭难闻，还生了很多虫子。

张怀树以前是铁路工人，每月的退休金有 2 000 多元，吃穿基本够用，捡垃圾不是为了钱，他也从来没有卖过垃圾。因为担心垃圾太多引发火灾，社区多次出钱帮他清理垃圾。但是，垃圾清理后，张怀树又开始把捡来的垃圾囤积在家里。

囤积障碍的成因复杂，囤积障碍的发生不局限于贫穷家庭。个体的囤积行为可能与个人生活经历或精神压力有关。目前，研究者对囤积障碍的了解依然不多，需要进一步关注和研究。

拔毛癖。拔毛癖也被称为拔毛症，指患者有拔掉自己身体不同部位（如头皮、眉毛、手臂等）毛发的强烈愿望和行为。拔毛行为会导致个体脱发和痛苦，造成社交困难。拔毛癖患者通常会竭力隐藏自己的拔毛行为。目前关于拔毛癖的研究并不多，一般来说，女性发病率高于男性。

皮肤搔抓障碍。皮肤搔抓障碍是指个体反复、强迫性地抓挠皮肤，最终导致皮肤组织损伤的一种精神障碍。当然，很多人也会觉得皮肤瘙痒，想要抓挠皮肤，但是通常不会给个体带来精神上的痛苦，也不会损伤皮肤。如有个体每天要花两三个小时反复抓挠自己的皮肤，导致身上出现有数不清的痂、伤疤和创口，那么可以考虑将其诊断为皮肤搔抓障碍。一般来说，皮肤搔抓障碍常见于女性。目前关于这种障碍的研究并不多，已有的研究表明，皮肤搔抓障碍会严重影响个体的社交和社会功能。

以上三种障碍与情绪存在相关性，因其重复和强迫性行为被归于强迫性及相关障碍中，虽然研究者曾假设这些障碍与压力或情绪问题有关，但似乎也有部分个体并不是为了缓解压力和紧张情绪才出现这些障碍。针对这些障碍，心理治疗仍是目前被证实的最具疗效的治疗方法。此外，药物治疗的手段，例如，五羟色胺再摄取抑制剂也有一定的治疗效果。

总的来说，与情绪相关的行为问题的识别需要参考专业的诊断标准。目前，通常采用心理治疗的方法应对与情绪相关的行为问题，其中最常用的是认知行为疗法。对于某些比较严重的、具有破坏性的、冲动控制困难的与情绪相关的行为问题，可以适当通过药物进行干预，控制并改善个体的冲动性情绪和行为问题。

小结

1. 根据挫折–攻击假说，人在遇到挫折时，自然会产生不满的情绪。当这种情绪发展到愤怒的地步时，就可能会攻击阻碍满足自己需要的障碍，表现出攻击行为。

2. 惩罚和奖励、预期管理和表达感受，可以减少与情绪相关的攻击行为。

3. 对立违抗障碍是一种常常出现在儿童青少年时期的与情绪相关的行为问题。它是一种愤怒、易激惹的心境，以及争辩、对抗或报复的行为模式。

4. 间歇性暴怒障碍以反复爆发的攻击性冲动行为为主要临床特征。

5. 囤积障碍的患者会强迫性地囤积物品，害怕或不愿扔掉物品，如十几年前的报纸，担心日后可能会迫切需要这些物品。

6. 拔毛癖也称拔毛症，指患者有拔掉自己身体不同部位（如头皮、眉毛、手臂等）毛发的强烈愿望和行为。

7. 皮肤搔抓障碍是指个体反复、强迫性地抓挠皮肤，最终导致皮肤组织损伤的一种精神障碍。

反思·实践·探究

案例一：李女士，27 岁，是一名购物达人。她特别喜欢购物，常会因为一个物品有不同颜色就同时买入好几件不同颜色的同一物品。高频次的购物导致她每月都入不敷出，甚至四处贷款。每次失去理智地购物之后，看着自己负债累累的账单，李女士又后悔不已。

案例二：小小，小学五年级学生，独生女，10岁，身高1.4米，成绩中等，家庭经济条件一般。父母为工人，文化水平较低。小小在三岁时曾寄养在姑姑家一年，因姑姑宠爱表弟，小小就将两岁的表弟关在柜子内，并将表弟的耳朵咬伤。上学后，小小与老师、同学关系紧张，认为老师不喜欢自己，只喜欢成绩好的同学，曾在学校厕所内写下过激言辞，威胁老师和同学。在家里，小小常与父母发生冲突，脾气暴躁。咨询中，小小精神状态正常，意识清醒，无躯体症状。

1. 上述两个案例中，李女士和小小分别存在什么问题？判断的依据是什么？

2. 可以通过哪些方法来改善与情绪有关的攻击行为？

3. 对立违抗障碍的主要表现是什么？

4. 谈谈你印象深刻的某种与情绪相关的行为问题，你认为导致这些问题的原因是什么？该如何处理和应对？

与情绪相关的人格
障碍的识别和应对

【 知识导图 】

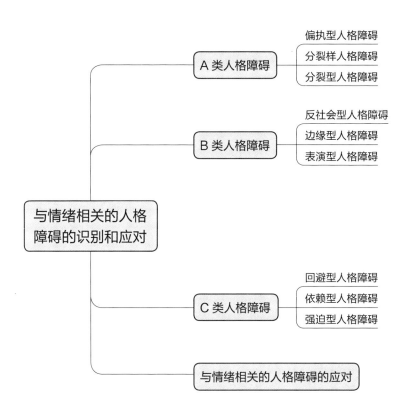

当我们讲到情绪问题的时候，我们通常关注的是个体即时的情绪体验和引发该情绪体验的生活事件或诱因，很少关注情绪问题其实与个体的人格存在联系。人格是个体稳定的、习惯化的思维方式和行为倾向，人格中蕴涵着情绪成分。具体来说，人格特质是个体的某种心理特征，是个体长期而稳定地存在的特质和行为风格。例如，当忧郁情绪在一个人身上短暂出现时，我们可将忧郁情绪看作一时的情绪或心境。但当忧郁情绪作为一个长期而稳定的存在，成为个体稳定的情绪表现时，我们就可以将其看作是一种忧郁的人格障碍。

人格障碍是一种持续的情感、思维和行为的异常模式，这种异常模式给患者本人及他人带来情绪上的痛苦，并造成患者功能受损。人格障碍会影响个体的情绪体验。如果个体存在一系列的人格障碍，那么这种稳定的长期的人格障碍会影响个体的认知和行为模式，进而影响个体对环境中人、事、物的感知和应对，导致个体出现适应不良的问题，引发个体、他人和社会的痛苦。

《精神障碍诊断与统计手册（第五版）》区分了 10 种人格障碍，并将它们分为三大类：A 类人格障碍，B 类人格障碍和 C 类人格障碍。A 类人格障碍以行为古怪、奇异为特点，包括偏执型人格障碍、分裂样人格障碍、分裂型人格障碍；B 类人格障碍以情绪化、情感强烈不稳定、浮夸、反复无常、冲动行为为显著特征，包括反社会型人格障碍、边缘型人格障碍和表演型人格障碍等；C 类人格障碍以紧张、焦虑行为为特点，包括回避型人格障碍、依赖型人格障碍和强迫型人格障碍。

下面，我们简要介绍一下与情绪相关的人格障碍。

A 类人格障碍

A 类人格障碍患者常表现出异常的行为（不信任、多疑和退缩等）和不同寻常的思维模式，偏执型人格障碍、分裂样人格障碍、分裂型人格障碍的共同特征是，它们都具有某些精神分裂症中看到的精神病性症状，

"古怪"是对 A 类人格障碍患者的共同评价。

偏执型人格障碍

偏执型人格障碍患者的主要特征是普遍表现出对他人的不信任和多疑。他们通常对所有的人和所有的情景充满猜疑，认为别人想要伤害他们或者戏弄他们，并极力寻找证据来证明这一点。

由于患者敏感多疑，他们对于别人始终抱有敌意，因此，常常难以和他人建立良好和谐的人际关系。偏执型人格障碍患者的朋友一般很少，即使有，关系也难以保持长久的亲密，因为他们最终会怀疑朋友会伤害自己，于是，他们企图寻找一个新的可以暂时信任的朋友来取代现在的朋友。此外，难以信任别人也严重影响他们建立亲密关系。没有安全感、过分警觉会导致偏执型人格障碍患者采取极端的方式应对人际关系，要么社会退缩，不和他人接触，要么非常具有攻击性和易怒，一旦发现蛛丝马迹就立刻全力反击。由于人际关系存在问题，偏执型人格障碍患者通常非常孤独，他们甚至会参加一些特殊的宗教组织或政治组织来寻求安全感。即使人际关系恶劣，偏执型人格障碍患者也很少寻求咨询治疗，因为他们认为他们的问题是外界引起的而不是他们自身的原因。

偏执型人格障碍患者多心胸狭窄、缺乏宽容心和幽默感。一旦他们觉得自己受到了伤害或侮辱，他们就怀恨在心，并可能迅速作出愤怒的反应或在之后作出报复性行为。他们能在普通的事件中找出他们认为的对自己的隐含的恶意因素，并以此来巩固自己的想法和认知。

此外，偏执型人格障碍的患者常常会反复、无端怀疑或猜测自己配偶或伴侣的忠诚度。例如，当妻子工作一天开开心心回到家时，丈夫会怀疑妻子是不是有外遇了，否则怎么能这么开心呢？

偏执型人格障碍患者一般以自我为中心，他们对自己的评价过高，并拒绝接受批评。他们会贬低他人，拒绝听取他人的不同意见，认为他人在嫉妒自己或想要攻击自己。尽管偏执型人格障碍患者也普遍存在猜疑，但他们和现实世界的接触能力还是健全的，这是偏执型人格障碍区别于偏执型精神分裂症患者的重要之处。

目前对偏执型人格障碍的病因所知有限。偏执型人格障碍患者很少主动就诊，但他们可能会因为其他原因前来咨询治疗，如人际关系问题、抑郁症或焦虑症等，但通常他们并不想治疗他们的人格障碍，即使治疗，进展也非常困难和缓慢。目前没有一种治疗可以明显改善偏执型人格障碍患者的生活状况，药物治疗作用也非常有限。

分裂样人格障碍

分裂样人格障碍患者主要表现出一种普遍脱离社交关系，在人际交往中情感表达范围狭窄的行为模式。在社会功能缺陷方面，分裂样人格障碍比偏执型人格障碍更为极端，他们既不渴望也不喜欢亲密关系。分裂样人格障碍患者似乎对人际关系不感兴趣，他们常常远离他们的家庭、亲人，没有亲密朋友或者伴侣，他们也很少会结婚，即使结婚，由于社会交往能力低下，他们经常存在很多的家庭问题。分裂样人格障碍患者经常

记下你的心得体会

会找不需要人际交往或人际交往需求很少的工作做，如果必要，他们也能勉强自己和少数一两个人维持工作关系，但是他们更喜欢一个人待着。

分裂样人格障碍患者的情感表达范围非常的狭窄，他们对他人的赞扬或批评都无动于衷；他们也很难从活动当中得到乐趣，包括性活动在内；他们很少体验到强烈的正面的或负面的情绪，也很少流露出任何情绪，不管是愤怒或是快乐。可能一部分的分裂样人格障碍患者对于他人的意见是敏感的，但是他们不愿或不能表达这种情感。因此，分裂样人格障碍患者经常被描述为冷漠、孤僻、疏离。

尽管分裂样人格障碍患者出现了类似于精神分裂症的阴性症状，但是他们并没有出现精神分裂症的衰退，他们还是和现实世界接触的。如果他们的工作很少和社会接触，如程序员之类的工作，他们还是可以表现得相当成功的。

很多分裂样人格障碍患者几乎都过着与世隔绝的生活，和其他的人格障碍患者类

记下你的心得体会

似，分裂样人格障碍患者很少寻求心理治疗，一般可能会在他们的生活出现危机时，如他们养的狗死了、他们出现抑郁的症状等，才寻求专业的帮助。

分裂型人格障碍

分裂型人格障碍患者的主要特征是对社会亲密关系的强烈不适应，认知思维怪异和行为异常。和分裂样人格障碍患者一样，分裂型人格障碍患者倾向于独自一个人待着，且情感淡漠，他们很少有朋友。此外，与偏执型人格障碍患者类似，他们认为别人是充满敌意和善于欺骗的，他们必须保持警惕，避免被别人的欺骗。

不过，分裂型人格障碍与分裂样人格障碍和偏执型人格障碍又有很大的不同。分裂型人格障碍患者通常存在牵连的想法，会把偶然发生的无关事件认作和他们自身相关。例如，他们可能认为昨天买东西的小商贩和他们存在重大的联系。他们还常常存在一些奇幻的思维和想法，例如，他们认为自己能够知晓前世今生、拥有掌控别人的力量、能

记下你的心得体会

够读懂别人的想法或者别人能够知道他们的想法等，所以，分裂型人格障碍患者可能会举行一些神秘的仪式或者参加一些边缘性的组织。此外，他们也可能会出现短暂的幻觉，如他们感觉自己看见死去的祖父母等。

粗看之下，分裂型人格障碍患者的这些症状和精神分裂症患者的阳性症状非常类似，他们也常常被诊断为精神分裂症前期，但实际上，只有一小部分分裂型人格障碍患者会发展为精神分裂症。两者之间是存在一些差异的，分裂型人格障碍患者和现实世界还是存在接触的，他们能够区分现实和想象，意识到自己观念中不合逻辑之处，此外，他们的认知扭曲程度不像精神分裂症患者那么严重。例如，精神分裂症患者可能会说他在自己的房间里面看到了死去的祖父母，而分裂型人格障碍患者会说他感觉自己死去的祖父母在他的房间里面。

在人群中有 2%—4% 的人被诊断为分裂型人格障碍患者，其中男性略多于女性。此外，研究发现，古怪的思维和奇幻的想法更多发生在女性患者身上，而情感限制或者

记下你的心得体会

124

缺乏朋友等阴性症状更多发生在男性患者身上。分裂型人格障碍患者和其他人格障碍患者类似，他们极少主动求诊，通常是由于生活危机事件的发生而求医。调查显示，有30%—50%的分裂型人格障碍患者因为重度抑郁而接受治疗。

B 类人格障碍

B 类人格障碍患者常常表现出浮夸、情绪化、反复无常和冲动的行为，他们很少顾及他人及自身的安全，因此他们的行为经常会伤害到他人或自身。目前对人格障碍的研究大量地集中在 B 类人格障碍的反社会型人格障碍和边缘型人格障碍中。B 类人格障碍以戏剧化、情感强烈和不稳定为特征，包括反社会型人格障碍、边缘型人格障碍和表演型人格障碍等。

反社会型人格障碍

反社会型人格障碍是一种漠视或侵犯他人权利的普遍心理行为模式。反社会型人格障碍患者通常不能遵守社会规范，反复出现违法行为；做事冲动，事先无计划；易激惹，有攻击性，如重复参与斗殴等；在工作或者履行经济义务方面一贯不负责任；没有怜悯心，在理智的情况下冷酷地伤害、虐待他人或盗窃他人财物。

反社会型人格障碍患者非常暴躁易怒，他们常用强烈的方式表达愤怒，除了言语上的恶意攻击之外，还常常表现出肢体上的攻击。他们极度冷漠、残酷，有较高的攻击性，不关心他人、自己，甚至自己孩子的生命安全。因此，他们很可能虐待他们的配偶或者孩子，他们能从伤害别人的过程中得到乐趣。与一般人相比，反社会型人格障碍患者更容易违法犯罪，并卷入殴打、谋杀、强奸等犯罪行为中。

反社会型人格障碍患者的行为通常是非常冲动的，他们很难容忍挫折。一般而言，他们的行动是随机的，没有计划性，他们很少考虑自己行动的后果，也很容易产生厌倦感和焦虑感。他们常常从一个地方晃到另一个地方，寻找刺激。

记下你的心得体会

下面我们看一个反社会型人格障碍的案例。

2000 年秋天，靳某在石家庄结识了 26 岁的云南姑娘韦某，与其相恋后同居。因生活窘迫，靳某经常打骂韦某。2000 年年底，韦某不堪忍受靳某的打骂，逃回老家。2001 年 2 月下旬，靳某追到韦某的老家云南，强迫韦某跟他回石家庄，韦某不从。3 月上旬，在争执中，靳某用柴刀将韦某砍死。杀死韦某后，靳某知道自己已经逃脱不了罪责，于是下定决心报复所有"对不起"他的人。

2001 年 3 月初，靳某先后三次非法购买几百千克炸药，并进行爆炸实验。3 月 15 日上午，靳某将所购炸药运至石家庄市郊外藏匿起来。3 月 15 日晚至 16 日凌晨，靳某用雷管和导火索制成引爆装置，然后将炸药连同引爆装置，分别运送并放置到与其有矛盾的邻居和家人居住的地点，之后依次将炸药引爆，共造成 108 人死亡，38 人受伤。

2001 年 4 月 17 日，河北省石家庄市中级人民法院开庭审理此案，认定被告人靳某为泄私愤，持刀行凶，致人死亡，又以极其残忍的手段，连续在居民楼内实施爆炸，造成重大人员伤亡和巨大财产损失，且在刑满释放五年内再次犯罪，系累犯，情节和后果均特别严重，其行为已构成故意杀人罪、爆炸罪等。经审讯，靳某对以上犯罪事实供认不讳。靳某滥杀无辜，罪责难逃。

在这个案例中，靳某因为生活琐事，对邻居和亲人怀恨在心，并采用异常极端的方式实施报复，最终造成十分恶劣的严重后果。据公安机关调查和群众反映，犯罪嫌疑人靳某性格孤僻、怪异、生性残忍、脾气暴躁，是一个报复心极强的人，具有反社会型人格障碍。

关于反社会型人格障碍的发生，目前存在两种理论假设：一种是低唤醒水平假设；一种是无惧假设。低唤醒水平假设认为，反社会型人格障碍患者大脑的唤醒水平比一般人要低很多，因此，他们常常作出刺激性行为，如盗窃、放火、恐吓他人等，来提高自己的唤醒水平。无惧假设认为，反社会型人格障碍患者的恐惧阈限比一般人高很多，一般人感到害怕的事情，他们常常没有恐惧的感觉，这可能会导致反社会型人格障碍患者会不断做一些违法的事情或者暴力的事情。

边缘型人格障碍

边缘型人格障碍是一种在人际关系、自我形象和情感方面不稳定和显著冲动的普遍的心理行为模式。边缘型人格障碍患者的症状通常在成年早期出现，并在各种场景中都表现出边缘型人格障碍的症状。边缘型人格障碍的症状包括：极力避免真正的或想象的被遗弃；不稳定的、紧张的人际关系模式，在极度理想化和极度贬低之间交替变化；持久的、不稳定的自我形象或者自我感觉；反复出现自杀行为、自杀姿态、自杀威胁或自残行为；情绪不稳定，如非常烦躁、易激惹或焦虑；慢性的空虚感；不恰当的、强烈的愤怒情绪或者难以控制地发怒等，如经常发脾气、持续发怒、重复性斗殴。

强烈的情绪不稳定性和显著的冲动性是边缘型人格障碍患者最显著的临床特征之

一。边缘型人格障碍患者的情绪非常不稳定，经常激烈起伏，忽而欣喜若狂，忽而抑郁绝望。有时，他们会突然表现出与情境不相适应的强烈的愤怒。他们容易激惹，无法抑制地发怒，甚至会诉诸暴力。当边缘型人格障碍患者想要摆脱这种情绪和感受时，他们常常会采取冲动性的自我毁灭行为，如开飞车、性滥交、滥用药物、暴饮暴食、酗酒，等等。此外，边缘型人格障碍患者也会经常性地、反复地自伤、自残，如拿香烟烧自己的手掌或者手臂，用小刀割自己的手臂或者采取自杀行为，等等。

边缘型人格障碍患者对他人有一种强烈的不信任感，害怕被抛弃，她们在依赖某个人的同时，又猜疑这个人，认为自己可能会被他们抛弃或者被他们伤害。因此，他们对他人的态度在极端的理想化和极端的贬斥之间急剧变化。一方面，边缘型人格障碍患者极度渴望亲密关系；另一方面，他们对被抛弃又有一种偏执的预期。因此，边缘型人格障碍患者的人际关系多是短暂而狂热的。边缘型人格障碍患者极力想引起他人的注意，

记下你的心得体会

不能忍受被人冷落，他人一点细小的行为都能被边缘型人格障碍患者理解为拒绝或者抛弃。例如，当他人因为有事不能帮他带东西时，他就觉得自己被抛弃了，甚至觉得自己被整个世界抛弃了，于是，他可能勃然大怒，甚至做出一些自残的行为，企图换回他人的关注和妥协。边缘型人格障碍患者经常在颐指气使、控制他人与依赖从属他人之间循环往复。

电视剧《过把瘾》中江珊扮演的杜梅就是一个典型的边缘型人格障碍患者。父母的悲剧在杜梅心中留下深深的心理创伤，使其极度缺乏安全感。一方面，她强烈渴望得到爱情和保护，满黑板的"爱"字揭示了她内心的担忧和恐惧；另一方面，她采用极端和荒谬的手段，试图占有爱，暴风骤雨般的情绪起伏和变幻，最终导致杜梅与爱人分开。

表演型人格障碍

表演型人格障碍是一种过度情绪化和追求他人注意的普遍的心理行为模式。表演型人格障碍患者通常过分情绪化，极力追求成为他人注意的中心。在自己不能成为他人注意的中心时，会感到不舒服。表演型人格障碍患者的情绪通常夸张而肤浅。例如，他们会热情拥抱一个第一次见面的人，并表现得好像和你认识了几十年之久那样。他们会用最夸张的语言、情绪或行为来表达生活中一些小事，并需要他人时刻关注他们。不过，为了保持他人对他们的注意，他们经常迅速转变情绪或者观念。

表演型人格障碍患者的语言风格通常会给人留下深刻的印象，但同时却缺乏具体的细节或者内容。例如，他会说你很棒，但是不能说出他觉得你很棒的那些特质。表演型人格障碍患者通常衣着靓丽，在第一次见面时非常能吸引他人的注意力，在与他人交往时，常常会表现出不恰当的性引诱或者性诱惑。但是，表演型人格障碍患者的人际关系并不稳定，因为他们要求他人始终如一地将注意力放在他们身上，这一点令很多人感到吃力和难受。一旦他人不注意他们，他们就会变得非常愤怒或者烦躁，情绪变得非常戏剧化，甚至会尝试通过自杀、自伤等方式来

记下你的心得体会

吸引他人的注意。

表演型人格障碍患者与边缘型人格障碍患者有一定的相似性，他们的情绪转换都非常快，且人际关系都不稳定。不过，边缘型人格障碍患者在依附他人时，通常带着自我怀疑和强烈的需要，而表演型人格障碍患者需要的仅仅是成为他人注意的中心。此外，表演型人格障碍患者很少像边缘型人格障碍患者那样，频繁出现自杀或者自残等毁灭性行为，即使他们有这种想法，也只是为了博得他人的注意。不过，目前，表演型人格障碍患者说出自杀的言语或者做出自杀的行为的倾向似乎有增加的趋势。

C 类人格障碍

C 类人格障碍以紧张、焦虑为特征，包括回避型人格障碍、依赖型人格障碍和强迫型人格障碍。

回避型人格障碍

回避型人格障碍是一种社会抑制、能

力不足和对负性评价极其敏感的普遍的心理行为模式。回避型人格障碍患者对社会情境感到极度不适应，内心常常充满无能感和自惭形秽感。因为害怕被批评、被否定或被排斥，回避型人格障碍患者会回避人际交往。

回避型人格障碍患者的内心常常充满了焦虑感和紧张感，他们认为自己没有能力，害怕受到别人的批评和拒绝，认为自己会受到别人的侮辱或者别人有侮辱自己的可能性。因此，他们通常会表现出明显的社会退缩，既完全不给别人拒绝他的机会，同时也将他人接受他的机会拒之门外。

我们看下面一个案例。

小李是一名35岁的图书管理员，过着相对孤独的生活，只和少数几个熟人接触，没有亲密关系。从童年开始，小李就非常害羞，常常回避与人接触，以免被批评或受到伤害。在小李接受咨询和治疗前，小李曾和一名在图书馆认识的人一起参加聚会。在他们到达聚会地点的那一刻，小李觉得极度不舒服，因为她觉得自己"穿得不对"，于是她很快离开了，并拒绝再见这个人。在咨询和治疗初期，小李大多时候静静地坐着，她觉得谈论自己很难。几次咨询和治疗之后，小李开始信任她的治疗师，讲述了很多早年的事。她觉得自己的行为问题和她的父亲有关。小李的父亲酗酒、家暴，小李尽量避免让学校的朋友知道她父亲酗酒和家暴这件事，但是这件事难免还是会被人知道的，于是她开始通过限制自己的关系网来保护自己，不让自己受到批评，避免尴尬。

在小李接受咨询和治疗期间，除非她能肯定他人是喜欢她的，否则她不会去见这个人。咨询和治疗主要集中在加强小李的自信和社交技巧上。随着咨询和治疗的推进，小李在接触人群和与人交往方面都取得了一些进步。

回避型人格障碍患者并非情感冷漠，他们对人际关系是感兴趣的，可以感受到人与人之间的温暖，并且渴望拥有良好的人际关系。回避型人格障碍患者社交退缩的主要原因是：他们格外在意他人可能的否定性评价

记下你的心得体会

或拒绝行为，害怕自己在和别人交谈时会像个傻瓜，害怕自己说的话或表达的意见会被别人嘲笑，害怕自己可能会词不达意。即使是在亲密关系中，回避型人格障碍患者也会很小心地表达自己的观点。这种对拒绝的担心和恐惧造成回避型人格障碍患者总是避免社交活动或者逃避人际交往。因此，他们很少能交到新朋友，极度依赖能让他们感到舒服的老朋友，尽管回避型人格障碍患者的老朋友可能很少或没有。

依赖型人格障碍

依赖型人格障碍是一种过分需要他人照顾以至产生顺从或依附行为并害怕分离的普遍的心理行为模式。依赖型人格障碍患者的典型症状是缺乏自信、依附他人。

具体来说，依赖型人格障碍患者常常极度需要他人的照顾，不能独立作出决策或采取行动，哪怕是一丁点儿的小事，都让他们产生无助感或无能感。例如，他们不能决定到哪里吃饭，到哪里度假，做什么工作，甚至穿什么衣服。因此，他们常常过分需要他

记下你的心得体会

人照顾或者需要他人帮助自己承担责任，极度依赖朋友、亲人或者伴侣。依赖型人格障碍患者还极度害怕遭遇分离或者被抛弃，由于这种发自内心的害怕，他们常常忽略自己的感受或者想法，一味地赞同别人，生怕被别人抛弃。当依赖型人格障碍患者结束一段亲密关系时，他们会非常快地投入一段新感情。

与回避型人格障碍患者一样，依赖型人格障碍患者对负面评价和批评也过于敏感。他们通常对自己的能力或判断缺乏自信，需要他人帮助自己做决定或者照顾自己。因此，即使他人对他们的要求和期望是不合理的，依赖型人格障碍患者也会勉强自己去满足别人对自己的要求，甚至因此经常受到他人生理或心理上的虐待。

不过，与回避型人格障碍患者不同的是，依赖型人格患者放弃的是自我独立，并不会回避社交，他们只是紧紧地依附或者缠裹于与他人的人际关系之中，但在发展新的人际关系方面不存在困难。

许多依赖型人格障碍患者会体验到悲伤和寂寞，他们通常不喜欢自己的表现，但是

记下你的心得体会

又觉得无力改变。因此，依赖型人格障碍患者可能是抑郁症、焦虑症或者饮食障碍的高危人群。

强迫型人格障碍

强迫型人格障碍是一种沉湎于有次序、完美以及精神和人际关系上的控制而牺牲灵活、开放和效率的普遍的心理行为模式。强迫型人格障碍患者过于追求完美、井然有序和控制，他们会将大量时间花在组织、遵循规则、列清单或进度表，以及一些琐碎和无意义的事情上，以致他们不能正常完成他们的工作、学习任务或实现自己的目标。此外，强迫型人格障碍患者会给自己和他人设置难以达到的高标准，他们在精神活动上抑制、固执，在人际活动中刻板、拘谨。

强迫型人格障碍患者通常会拘泥于一些非常小的细节而忽略整体的计划。例如，他们可能花很多时间去计划怎么执行一项工作，整理出一大堆清单避免自己遗忘，推测各种可能会妨碍工作的情况，思考可能遇到的阻碍及解决办法，却没有花时间去做实际的工作。因此，强迫型人格障碍患者几乎把所有时间都用在各种细节上，经常不能按时完成工作计划。

此外，强迫型人格障碍患者还循规蹈矩，刻板地遵守规章制度，并极力维护表面或者眼前的完美，极度追求细节和秩序，却失去了灵活性和开放性。强迫型人格障碍患者和他人交往的模式也非常呆板，对自己和他人都很严苛，对自己的表现永远不满意，但会拒绝他人提供帮助，因为害怕他人会粗心大意，不能把事情做好。当他们不得不和他人合作时，他们会要求他人严格按照自己的要求做事。强迫型人格障碍患者难以表达自己的情感，他们的人际关系一般都很糟糕，包括亲密关系在内。

与情绪相关的人格障碍的应对

临床上，我们必须充分关注与情绪相关的人格障碍。与情绪相关的人格障碍和焦虑、抑郁等情绪问题密切相关。例如，很多焦虑障碍患者常表现出表演型人格障碍、强迫型人格障碍、回避型人格障碍或依赖型人格障碍等特点。

与情绪相关的不同类型的人格障碍的症状表现各不相同。总体上，与情绪相关的人格障碍患者通常很少会主动就诊，并觉得自己不需要治疗，即使他们因为各种原因前来咨询就诊，治疗效果通常也并不乐观。药物治疗可以部分改善与情绪相关的人格障碍患者的冲动性和攻击性行为，改善他们的焦虑、抑郁等情绪，提升他们情绪的稳定性。心理治疗依然是应对与情绪相关的人格障碍患者的主要治疗方法，例如，认知行为疗法、心理动力学疗法和支持性疗法等是治疗与情绪相关的人格障碍的常用方法。不同类型的人格障碍需要采用不同的有针对性的治疗方法，药物治疗、心理治疗和环境干预的整合模式一般会取得比较好的疗效。

小结

1. 人格是个体稳定的、习惯化的思维方式和行为倾向，人格中蕴涵着情绪成分。

2. 人格障碍是一种持续的情感、思维和行为模式的异常，这种异常模式给患者本人及他人带来情绪上的痛苦，并造成患者功能受损。

3. 《精神障碍诊断与统计手册（第五版）》区分了 10 种人格障碍，并将它们分为三大类：A 类人格障碍，B 类人格障碍和 C 类人格障碍。A 类人格障碍以行为古怪、奇异为特点，包括偏执型人格障碍、分裂样人格障碍、分裂型人格障碍；B 类人格障碍以情绪化、情感强烈不稳定、浮夸、反复无常、冲动行为为显著特征，包括反社会型人格障碍、边缘型人格障碍和表演型人格障碍等；C 类人格障碍以紧张、焦虑为特点，包括回避型人格障碍、依赖型人格障碍和强迫型人格障碍。

4. 偏执型人格障碍患者的主要特征是普遍表现出对他人的不信任和多疑。

5. 分裂样人格障碍患者主要表现出一种普遍脱离社交关系、在人际交往中情感表达范围狭窄的行为模式。

6. 分裂型人格障碍患者的主要特征是对社会亲密关系的强烈不适应，认知思维怪异和行为异常。

7. 反社会型人格障碍是一种漠视或侵犯他人权利的普遍心理行为模式。

8. 边缘型人格障碍是一种在人际关系、自我形象和情感方面不稳定和显著冲动的普遍的心理行为模式。

9. 表演型人格障碍是一种过度情绪化和追求他人注意的普遍的心理行为模式。

10. 回避型人格障碍是一种社会抑制、能力不足和对负性评价极其敏感的普遍的心理行为模式。

11. 依赖型人格障碍是一种过分需要他人照顾以至于产生顺从或依附行为并害怕分离的普遍心理行为模式。

12. 强迫型人格障碍是一种沉湎于有次序、完美以及精神和人际关系上的控制而牺牲灵活、开放和效率的普遍的心理行为模式。

13. 总体上，与情绪相关的人格障碍患者通常很少会主动就诊，并觉得自己不需要治疗，即使因为各种原因前来咨询就诊，治疗效果通常也并不乐观。药物治疗、心理治疗和环境干预的整合模式一般会取得更好的疗效。

反思·实践·探究

1. 阿莲自尊较低，总是觉得内心空虚，因此她常去做一些危险和刺激的事情。她吸毒，并随意和别人，甚至陌生人发生关系。如果男友建议她去寻求帮助或者跟她提分手，阿莲就威胁要自杀。她在强烈的爱男友和强烈的恨男友之间来回摇摆，有时在极短的时间内，她会从一个极端转向另一个极端。

2. 阿司今年 17 岁，近两年他一直麻烦不断。他经常对父母撒谎，非法侵入他人的房屋，而且还常常和别人打架。对伤害他人或是给父母造成的悲痛，阿司都毫无悔意。

3. 在一次咨询中，小韩起身去拿杯水，但是十分钟后，小韩还没有回来。原来，他在倒水之前，首先得清洁放水瓶和水杯的地方，然后还要把所有的水杯整整齐齐地摆放好。

4. 小妮对自己要求严格，总说自己智商不高，没什么本事。她害怕独自一人，需要不断从家人和朋友那里得到安慰和肯定。丈夫有出轨行为，但小妮什么也不敢说，什么也不敢做。她认为，如果她表达不满，她就会被丈夫抛弃，以后不得不自己照顾自己。

5. 小林非常害怕被别人拒绝，也因为这一点，他几乎不参加任何社交活动。他会忽略他人的赞美，但对他人的批评非常敏感，这加重他的无力感。他觉得，所有的事情似乎都是针对他一个人的。

1. 以上案例分别属于什么类型的人格障碍？判断的依据是什么？

2. 边缘型人格障碍的主要特征是什么？

3. 与情绪相关的人格障碍有几种类型？